工业机器人技术与应用

张江安　杨洪柏　　编著
黄晓峰　张　璟

苏州大学出版社

图书在版编目(CIP)数据

工业机器人技术与应用/张江安等编著. —苏州：苏州大学出版社，2022.6
ISBN 978-7-5672-3925-8

Ⅰ.①工… Ⅱ.①张… Ⅲ.①工业机器人 Ⅳ.①TP242.2

中国版本图书馆 CIP 数据核字(2022)第 085093 号

内容简介

本书以 ABB 工业机器人为平台，介绍了工业机器人技术及其应用方面的相关知识，包括工业机器人的基本结构、工作原理、操作方法、编程方法和仿真方法。本书重点介绍了 ABB 工业机器人常见的结构形式、数学基础，分析了工业机器人的运动学原理，演示了工业机器人手动操作、现场编程和离线仿真的基本过程，旨在使读者对工业机器人有较全面的认识，为今后熟练应用工业机器人打下坚实的基础。

本书理论联系实际，内容通俗易懂，既可作为职业院校工业机器人应用技术专业的教材，也可作为工业机器人技术应用和维护等人员的自学用书。

书　　名：工业机器人技术与应用
编 著 者：张江安　杨洪柏　黄晓峰　张　璟
责任编辑：肖　荣
封面设计：吴　钰
出版发行：苏州大学出版社(Soochow University Press)
社　　址：苏州市十梓街1号　邮编：215006
印　　装：广东虎彩云印刷有限公司
网　　址：www.sudapress.com
邮　　箱：sdcbs@suda.edu.cn
邮购热线：0512-67480030
销售热线：0512-67481020
开　　本：787 mm×1 092 mm　1/16　印张：8.75　字数：171千
版　　次：2022年6月第1版
印　　次：2022年6月第1次印刷
书　　号：ISBN 978-7-5672-3925-8
定　　价：35.00元

凡购本社图书发现印装错误，请与本社联系调换。
服务热线：0512-67481020

前言

随着科学技术的迅猛发展,现代工业已进入智能制造时代,工业机器人在其中扮演着不可或缺的重要角色。它不仅大大提高了产品精度,提升了生产效率,而且提高了生产过程的自动化、柔性化和智能化程度。因此,大力普及工业机器人应用技术的教育,对于正致力于从"制造业大国"向"制造业强国"转型发展的中国而言,是十分紧迫而重要的。

进入 21 世纪特别是党的十八大以来,我国的职业教育事业蓬勃发展,为社会经济发展培养了大量人才。2021 年 4 月,全国职业教育大会在北京召开,大会提出了建设技能型社会的理念和战略,开启了我国职业教育的新征程。在这样的背景下,工业机器人应用技术的职业教育也必将迎来飞跃的发展。

本书是一本面向职业院校工业机器人应用技术专业的入门教材,内容主要包括工业机器人的工作原理、手动操作、在线编程和调试、离线编程与仿真等。在内容选择方面,本书力求实用,以工业机器人技术的实际应用知识和技能为重点;在语言表达方面,力求通俗易懂,以满足职业院校教学的要求。

参加本书编写的有上海开放大学理工学院的杨洪柏老师,上海工程技术大学高等职业技术学院机电工程系的张江安、黄晓峰、张璟老师。本书的出版得到上海市教育委员会的资助,在此表示衷心的感谢。

由于编者水平有限,书中难免存在疏漏和不当之处,恳请读者批评指正。

目录

第1章 初识工业机器人 / 1

1.1 机器人在工业中的应用 / 1

1.2 工业机器人的特征 / 3

1.3 工业机器人的常见应用场景 / 5

1.4 工业机器人的常见种类 / 6

1.5 工业机器人的主要技术参数 / 9

第2章 工业机器人的基本构成与运动学原理 / 13

2.1 工业机器人的总体构成 / 13

2.2 工业机器人本体的构成 / 14

2.3 工业机器人控制器的构成 / 19

2.4 工业机器人的常用坐标系 / 20

2.5 工业机器人的运动学原理 / 24

第3章 工业机器人的手动操作 / 33

3.1 ABB机器人的示教器简介 / 33

3.2 工业机器人的单轴动作 / 36

3.3 工业机器人的线性动作 / 42

3.4 工业机器人的重定位动作 / 43

第4章 工业机器人的编程语言 / 45

4.1 程序数据类型 / 45

4.2 程序数据的存储属性 / 47

4.3　常用编程指令介绍　/48

第5章　工业机器人的现场编程与轨迹规划　/89

5.1　基本程序数据的建立与现场编程　/89

5.2　工业机器人的轨迹规划　/110

第6章　工业机器人离线编程与仿真　/118

6.1　RobotStudio 软件简介　/118

6.2　RobotStudio 软件界面　/119

6.3　机器人工作站仿真实例　/122

参考文献　/132

第1章 初识工业机器人

工业机器人是现代科学技术的结晶,是提高工业生产效率的有力工具,是人类工业文明发展之路上的一个里程碑。它不仅深刻改变了现代自动化工业生产的面貌,而且其自身仍在不断发展并拓宽应用领域,显示出强大的生命力。本章将带您走近工业机器人,了解其本质特征、常见应用场景、常见种类和主要技术参数,从而对工业机器人具有一个初步的且全方位的认识。

1.1 机器人在工业中的应用

"机器人"(Robot)一词来源于捷克斯洛伐克作家卡雷尔·恰佩克(Karel Capek)于1921年创作的剧本《罗萨姆的万能机器人》(*Rossum's Universal Robots*)。该剧刻画了一群既能劳动又不知疲倦的机器家伙 Robot 的形象。此后,"Robot"一词逐渐被人们用来指代为人类服务的机器人,并一直沿用至今。

随着人类社会的飞速发展,机器人已经逐渐由梦想变为现实。1959 年,美国制造出世界上第一台真正意义上的机器人产品 Unimate,并用于工业生产。此后,随着科技的不断进步,机器人技术逐步走向成熟,并在人类社会生产、生活、军事、科学探索等各个领域得到广泛应用。面向工业领域应用的机器人一般被称为工业机器人。

图 1-1 所示为一条生产奖牌的现代化柔性生产线,其中包含了承担物料搬运、激光切割、焊接、喷涂、分拣、装配等各种任务的 10 余台工业机器人。机器人不仅提高了生产效率,而且能够通过编程快速响应产品型号和规格的变化,从而满足柔性生产的需求。

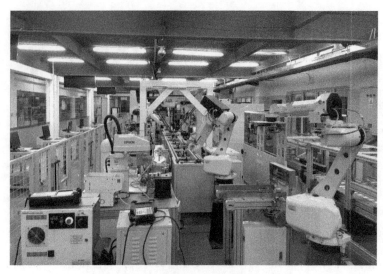

图 1-1　生产奖牌的现代化柔性生产线

图 1-2 所示为一台导游机器人，它能够在公共场所为人们提供接待和导游服务。此类具备服务性功能的机器人一般被称为服务机器人。除了工业机器人、服务机器人之外，还有一类可以执行特种任务的机器人，被称为特种机器人。例如，图 1-3 所示为可执行军事任务的特种机器人。

本书旨在介绍工业机器人的相关技术和应用方法，如不做特别说明，"机器人"均指"工业机器人"。

图 1-2　导游机器人

随着工业机器人的不断发展,其智能化程度不断提高。第一代工业机器人为"示教再现"型机器人,这种机器人在完成每项工作任务之前需要编程人员对其进行"示教"。示教完成后,机器人即可"再现"所习得的动作,完成工作任务。第二代工业机器人为感知型机器人,这种机器人在第一代机器人的基础上增加了视觉传感器、接近度传感器等感知器件,从而具备了一定的环境感知功能。它能够基于对环境条件的分析和判断,完成复杂环境下的工作任务。第三代工业机器人是智能型机器人,它利用了模式识别、自主学习等人工智能技术,具有高度的环境适应能力和自治能力,目前仍在研究和发展中。鉴于当前第一代机器人仍是工业生产各领域应用最广泛的机器人,本书将主要介绍"示教再现"型机器人的基础理论和应用方法。

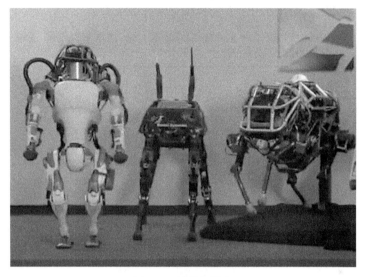

图 1-3　特种机器人

1.2　工业机器人的特征

尽管工业机器人已具有较长的发展史,技术上也趋于成熟,但迄今为止,全球对工业机器人都没有统一的定义。表 1-1 列举了一些国家和国际组织对工业机器人的定义。

表 1-1　工业机器人的定义

国家/组织	工业机器人的定义
美国	一种用于移动各种材料、零件、工具或专用装置的,通过程序动作来执行多种任务的,并具有编程能力的多功能操作机。
德国	具有多自由度的、能进行各种动作的自动机器,它的动作是可以顺序控制的,轴的关节角度或轨迹可以不靠机械调节,而由程序或传感器加以控制。
日本	一种带有存储器件和末端操作器的通用机械,它能够通过自动化的动作替代人类劳动。
中国	一种自动化的机器,所不同的是这种机器具备一些与人或者生物相似的智能,如感知能力、规划能力、动作能力和协同能力,是一种具有高度灵活性的自动化机器。
国际标准化组织（ISO）	一种能自动控制、可重复编程、多功能、多自由度的操作机,能搬运材料、工件或操持工具来完成各种作业。

进一步对上述工业机器人的定义进行总结,可看出工业机器人具有拟人性、可编程性、通用性三大特征(图 1-4)。

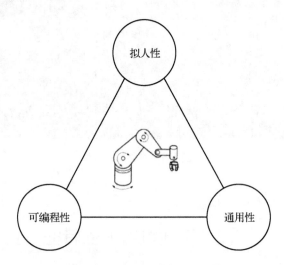

图 1-4　工业机器人的三大特征

其具体含义如下：

拟人性：工业机器人在机械结构或功能上与人类具有相似性。例如,在机械结构上具有类似人体结构的腰部、大臂、小臂、手腕、手爪等,在控制功能上具有中央控制器。此外,智能化工业机器人还有许多类似人类"生物传感器"的工业传感器,如接触传感器、力传感器、视觉传感器、声觉传感器等。

可编程性：工业机器人可通过编程,对各种基本动作单元在时间和空间上进行编排,从而完成复杂和精细的动作,满足现代工业生产中对高品质、智能化、柔性化的要求。

通用性:工业机器人一般可执行多种不同的作业任务,是一种通用型的智能装备。例如,通过更换工业机器人手部末端的工具,便可执行不同的作业任务。

工业机器人是特殊的机电一体化设备,其具有的拟人性是区分机器人与其他机电一体化设备的关键。

1.3 工业机器人的常见应用场景

工业机器人的三大特征决定了它可以替代人类,完成多种原本由人类从事的工作任务。这些工作往往具备单调(Dull)、危险(Dangerous)或脏乱(Dirty)的特点(合称"3D"),如图1-5所示。

图1-5 工业机器人常见工作任务的特点

表1-2列举了工业机器人的常见应用场景。当然,随着工业生产需求的不断发展和更新,新的工业机器人应用场景不断出现,推动机器人的应用领域不断拓宽。

表1-2 工业机器人的常见应用场景

工作任务特点	应用场景举例
单调	生产线上搬运零件、货物码垛和拆垛、零件装配、产品分拣等
危险	机床上下料、激光切割、焊接等
脏乱	喷漆、涂胶、焊缝打磨、施釉等

深入了解工业机器人应用场景的特点,有助于人们拓展思路,将各种适合机器人承担的工作任务交由机器人完成,从而扩大机器人的应用领域,不断提高生产效率。

1.4 工业机器人的常见种类

经过多年的发展,工业机器人的结构逐渐成熟。按照结构特点进行分类,工业机器人常见的类型有垂直多关节机器人、平面多关节机器人、并联机器人、协作机器人四种。

1.4.1 垂直多关节机器人

垂直多关节机器人是最常见和应用最广泛的工业机器人类型,如图 1-6 所示。

垂直多关节机器人的特点是:自由度多,适应性强,适合于各种运动轨迹或角度的工作任务。

垂直多关节机器人的应用场景为:搬运、焊接、喷漆、涂胶、切割、装配等。

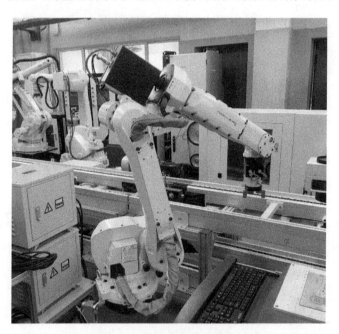

图 1-6 垂直多关节机器人

1.4.2 平面多关节机器人

平面多关节机器人也被称为 SCARA 机器人,它具有三个旋转关节,其轴线相互平行,如图 1-7 所示。

平面多关节机器人的特点是：动作精确，活动范围大，结构简洁，响应速度快，但负载能力弱。

平面多关节机器人的应用场景为：零件拾取、精密装配等。

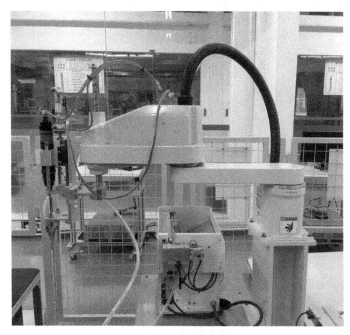

图 1-7　平面多关节机器人

1.4.3　并联机器人

并联机器人也被称为 Delta 机器人，其末端工具由三个并联的连杆机构控制，通常在视觉系统的配合下工作，如图 1-8 所示。

并联机器人的特点是：机构简洁，运动速度快，定位精度高，成本较低。

并联机器人的应用场景为：食品、药品、电子产品等轻量物品的分拣、装配等。

图 1-8 并联机器人

1.4.4 协作机器人

协作机器人通常模拟人体结构,具有左右对称的两条垂直多关节手臂,如图 1-9 所示。

协作机器人的特点是:双臂协同工作,可完成较为复杂的单臂动作和双臂组合动作,实现单臂机器人难以完成的动作和任务,工作效率高。

协作机器人的应用场景为:较远工位间传递工件、快速翻转、协同装配、测试等。

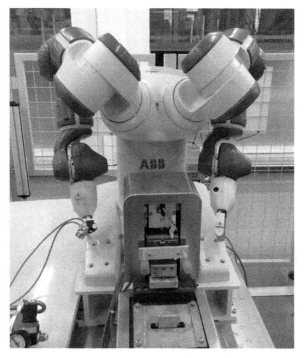

图 1-9 协作机器人

1.5 工业机器人的主要技术参数

工业机器人的技术参数是指表征其结构特点和性能的参数。这些参数不仅是评判机器人性能高低的指标,而且是人们选购、使用和维护机器人的重要参考。本节将介绍工业机器人主要技术参数的概念及其典型值。

1.5.1 自由度

工业机器人的自由度是指机器人本体所具有的独立运动轴的数目,不包括末端工具的运动轴数目。它是机器人动作灵巧程度的直接反映。工业机器人一般具有 4~7 个自由度。

在工业机器人的实际应用中,为了进一步提高机器人的工作效率,人们往往在机器人工作站中增加具有运动功能的外部设备,以增加整个系统的自由度。这些外部设备的运动轴被称为机器人的外轴。应当指出的是,机器人的自由度并不包含外轴的自由度。

图 1-10 所示为一个焊接机器人工作站,包含焊接机器人、变位机。变位机具有一个

垂直地面的转动轴,可使工作台上的焊接工件旋转,为焊接过程提供便利。变位机的旋转轴是此焊接机器人的一个外轴。

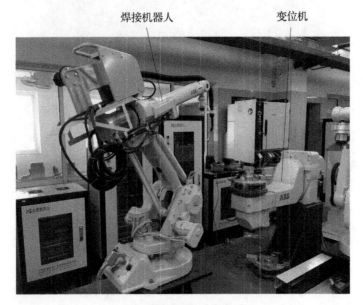

图 1-10 焊接机器人和变位机

1.5.2 工作范围

工作范围是指机器人在未安装末端工具的情况下,其手腕参考点所能到达的空间。它反映了机器人作业区域的大小,是机器人的一个重要的性能指标。

图 1-11 以 ABB IRB 120 型机器人为例,给出了机器人工作范围的两种表达方式:二维形式和三维形式。对于特定型号的机器人,工作范围可以通过该机器人各关节轴的转动范围表达出来。表 1-3 给出了 ABB IRB 120 型机器人各关节轴的工作范围和最大单轴速度。需要指出的是,考察安装工具后机器人实际可到达的区域时,还需要考虑工具的大小和形状。

表 1-3 ABB IRB 120 型机器人各关节轴的工作范围和最大单轴速度

关节轴	工作范围/°	最大单轴速度/(°)·s^{-1}
轴 1	+165 ~ -165	250
轴 2	+110 ~ -110	250
轴 3	+70 ~ -110	250
轴 4	+160 ~ -160	320
轴 5	+120 ~ -120	320
轴 6	+400 ~ -400	420

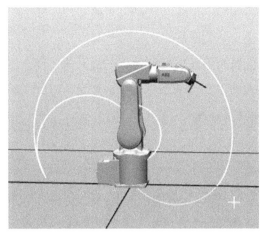 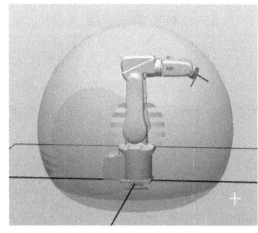

(a)二维形式　　　　　　　　　　(b)三维形式

图 1-11　机器人的工作范围示意图

1.5.3　额定负载

额定负载是指机器人正常工作时机械臂末端所能承受的最大载荷,包括工具和工件产生的惯性作用力。它反映了机器人在工作时的承载能力,是机器人选型时的重要参考指标。

根据工作任务中所需载重量的差异,工业机器人往往被设计成具有不同额定负载的多种型号,以满足实际应用的需要。例如,ABB 公司轻量级 IRB 120 型机器人的额定负载为 3 kg,而为码垛应用设计的 IRB 760 型机器人(图 1-12)的额定负载为 760 kg。

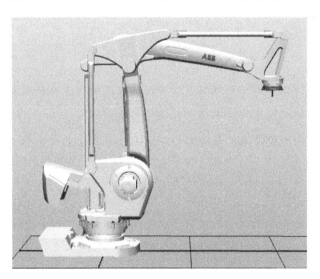

图 1-12　ABB IRB 760 型机器人

1.5.4　最大单轴速度

最大单轴速度是指在单个关节轴运动时,机器人手臂末端参考点的最大角速度。该参数反映了机器人运动速度的大小,也是机器人的重要性能指标之一。以 ABB IRB 120 型机器人为例,其 6 个关节轴的最大单轴速度如表 1-3 所示。

1.5.5　定位精度

定位精度是指机器人末端执行器实际位置与目标位置之间的偏差,它与机器人机械结构误差、控制算法精度、负载大小等因素有关。典型的工业机器人定位精度在 ±(0.02～5)mm 范围内。

1.5.6　重复定位精度

重复定位精度是指在相同的工作环境、工作任务、负载等条件下工业机器人连续重复做相同动作时末端执行器位置的分散程度。相较于定位精度,重复定位精度排除了负载因素的影响,从而常被用作反映工业机器人精度水平的指标。工业机器人一般均具有较高的重复定位精度。例如,ABB IRB 120 型机器人的重复定位精度为 0.01 mm。

以上介绍了工业机器人的主要技术参数。除此之外,工业机器人的技术参数还包含物理参数(如几何尺寸、重量)、电气参数、环境参数等。这些参数可以通过产品说明书查找,或登录厂家网站查询。

思考题

1. 工业机器人所具有的三大特征是什么?如何理解这三大特征?
2. 工业机器人的应用场景具有什么特点?请举例说明。
3. 工业机器人的主要技术参数有哪些?这些技术参数的含义分别是什么?

第2章　工业机器人的基本构成与运动学原理

工业机器人是精密的机电一体化设备，了解其基本构成与工作原理是深入掌握工业机器人应用方法的基础。本章首先介绍了工业机器人的总体构成以及机器人本体、控制器的构成。其次，在介绍工业机器人常用坐标系的基础上，详细分析了机器人工作的运动学原理。

2.1　工业机器人的总体构成

工业机器人一般由机器人本体和控制器两部分构成，而控制器又由控制柜和示教器组成，如图2-1所示。机器人本体又称为操作机，它是机器人对外实施动作的执行机构，功能上类似于人体的躯干和手臂。本体末端可安装对工作对象进行操作的执行器（又称为工具）。机器人控制器是机器人的计算、控制单元，负责对机器人本体的运动进行实时控制，功能上类似于人体的大脑。控制器的主体部分被置于控制柜内，包括主计算机、输入输出（I/O）板、电机驱动器、辅助控制电路等。示教器是控制器中的人机接口部分，用于机器人手动操作、编程及内部状态监视。

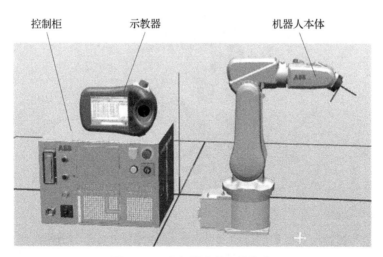

图2-1　工业机器人的总体构成

在电气连接关系上,控制柜处于中枢位置。外部电源接入控制柜后,由控制柜向机器人本体及示教器供电。控制柜通过通信电缆,同时与机器人本体及示教器进行数据通信。示教器是一个具备操作与编程功能的智能终端,它与机器人本体之间并无直接相连的通信电缆。它对机器人本体的操作与控制实际上是通过控制柜完成的。示教器的功能和使用方法将在第3章中予以进一步介绍。

2.2 工业机器人本体的构成

从运动的角度看,机器人本体主要由关节轴、驱动装置和传动装置三部分构成。本节进一步介绍上述三大装置以及安装于机器人手臂末端的工具。

2.2.1 关节轴

机器人本体之所以能够完成各种复杂的动作,是因为它包含了一系列关节轴。下面以典型的6自由度垂直多关节机器人为例进行分析。图2-2为其各关节轴及其运动示意图,图2-3为其机构简图。

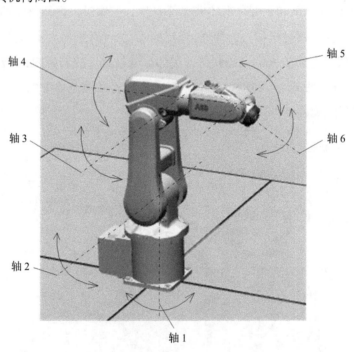

图2-2　6自由度垂直多关节机器人的关节轴及其运动示意图

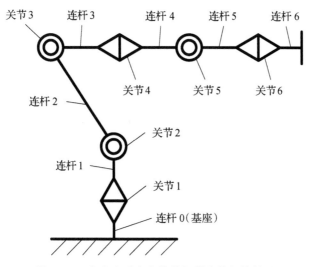

图 2-3　6 自由度垂直多关节机器人的机构简图

该机器人各关节轴的特性及作用如下：

轴 1：垂直于安装平面，使整个机械臂能够绕基座旋转。

轴 2：与安装平面平行，使连杆 2（相当于人体手臂的大臂）能够前后摆动。

轴 3：与安装平面平行，使连杆 3 与连杆 4（相当于人体手臂的小臂）能够上下摆动。

轴 4：为连杆 3 与连杆 4 自身的中心轴线，使连杆 5 能够绕其旋转。

轴 5：与安装平面平行，使连杆 6（相当于人体手臂的手腕）能够上下摆动。

轴 6：为连杆 6 自身的中心轴线，使连杆 6 能够绕其旋转。

关节 1—3 的作用主要是提供大范围的运动，关节 4—6 的作用主要是为工具提供必要的姿态。

2.2.2　驱动装置

工业机器人驱动装置是为关节提供驱动力或力矩的装置。根据系统工作原理的不同，机器人的驱动方式主要有液压驱动、气压驱动和电气驱动三种基本类型。它们各自的特点如表 2-1 所示。

表 2-1　工业机器人三种常见驱动方式的特点

驱动方式	主要元器件	优点	缺点
液压驱动	液压泵、液压缸	输出力大,易于控制,可无级调速,反应灵敏。	体积大,油路复杂,成本高,泄漏的液压油容易着火。
气压驱动	气泵、气缸、电磁阀	结构简单,成本低,泄漏的气体对环境无污染。	运动精度较低,运动冲击较大,有噪声。
电气驱动	电动机、位置传感器、保持制动器、伺服驱动器	控制性能好,响应快,定位精度高,输出力范围大,体积小。	需要配备减速器,系统维护复杂,成本高。

从表 2-1 可以看出,电气驱动在响应速度、运动精度等方面具有明显的优势。目前,除少数运动精度要求不高、负载较大或有防爆要求的机器人采用液压、气压驱动外,工业机器人大多数采用电气驱动方式。电气驱动装置一般由电动机、位置传感器、抱闸器、伺服驱动器组成。电动机的作用是将电能转化为转动机械能。位置传感器也被称为编码器,用于测量伺服电动机输出轴的转动位置。机器人控制系统借助编码器的反馈信息,实现对机器人关节位置的精确控制。抱闸器的作用是在电动机关闭电源的情况下,锁定电动机的主轴,使得机器人关节轴不因重力作用而跌落。

电气驱动装置中的电动机可选用步进电动机、直流伺服电动机或交流伺服电动机。其中交流伺服电动机因具有输出功率大、无电刷等优点,在机器人关节驱动装置中得到广泛的应用。图 2-4 所示为一款应用于 ABB IRB 2400 型机器人的交流伺服电动机。

图 2-4　应用于 ABB IRB 2400 型机器人的交流伺服电动机

2.2.3 传动装置

在机器人驱动装置与机械臂之间,一般需要借助传动装置进行动力传递,以驱使关节转动。常用的机器人传动装置包括同步齿带、连杆、齿轮副、减速器等。如前文所述,对于采用电气驱动的工业机器人,需要利用减速器,对电动机的输出转速进行大比例降速,同时提高驱动力矩,以满足机械臂驱动负载的需要。常见的机器人减速器有谐波齿轮减速器和 RV 摆线针轮减速器两种。图 2-5 所示为应用于 ABB IRB 1200 型机器人第四轴的谐波齿轮减速器,图 2-6 所示为应用于 ABB IRB 6700 型机器人第六轴的 RV 摆线针轮减速器。

图 2-5 谐波齿轮减速器

图 2-6 RV 摆线针轮减速器

谐波齿轮减速器利用机械元件的挠性变形进行传动。RV 摆线针轮减速器内部无挠性元件,它是利用行星轮系和摆线针轮进行两级减速传动。作为精密减速装置,谐波齿轮减速器与 RV 摆线针轮减速器均可实现大减速比、高精度传动。相比较而言,后者比前者具有更好的刚性。因此,谐波齿轮减速器一般应用于承重较小的机器人关节,RV 摆线针轮减速器一般应用于承重较大的机器人关节。

2.2.4 机器人的工具

机器人的工具也被称为末端执行器,虽然严格意义上它不是机器人本体的一部分,但它与机器人功能的实现密切相关。可以说,没有工具的协助,机器人就无法有效地完成工作任务。因此,在工业机器人的实际应用中,必须对工具的结构、尺寸、位置以及姿态进行分析。

图 2-7 所示为带有枪形工具的机器人,其应用场景有焊接、涂胶、喷漆、切割等。图 2-8 所示为带有吸盘工具的机器人,其应用场景有搬运、分拣、装配等。在这些应用中,

选择合理的工具位置和姿态（合称"位姿"）是非常重要的。例如，在焊接任务中，根据焊接工艺要求，焊枪一般始终接近于焊件表面，并且其轴线始终与焊件表面相垂直。而采用吸盘作为工具的机器人，则应将吸盘贴合于工件表面。

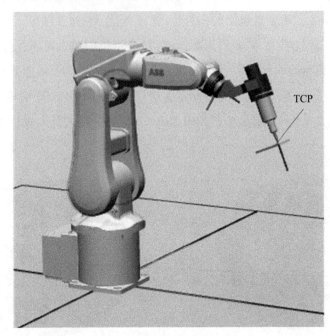

图 2-7 带有枪形工具的机器人

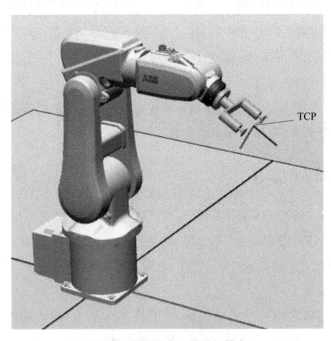

图 2-8 带有吸盘工具的机器人

工具对工件产生作用的部位一般在工具末端,因此可将工具末端的几何中心点称为工具中心点(Tool Center Point,TCP)。工具的位置可以由 TCP 在空间的位置表达。工具的姿态可以由机器人各关节的转角表达。在机器人的实际操作和编程过程中,工具的位姿应该被当成一个整体来对待。工具位置和姿态中有任一项发生变化,都意味着机器人的状态发生了变化,应将它们视为不同的"状态"(目标点)。

2.3 工业机器人控制器的构成

如前文所述,控制器作为工业机器人的中枢控制系统,具有强大的计算、控制、通信功能。一般而言,控制器由电源模块、主控制计算机、I/O 板、示教器、控制计算机板、伺服驱动单元、串口测量板等组成,如图 2-9 所示。

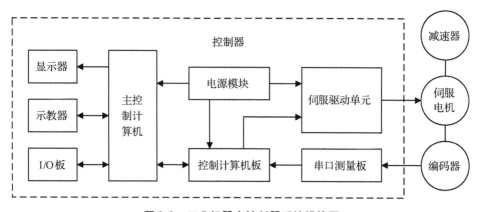

图 2-9 工业机器人控制器系统模块图

IRC5 控制器是 ABB 公司推出的一款高性能工业机器人控制器,它采用了先进的开放式、模块化系统架构,具有良好的扩展性、互操作性和移植性。一台 IRC5 控制器最多可以控制 4 台机器人本体、共 36 个伺服驱动关节轴(含外部轴)的运动。每台机器人本体需要一个驱动模块。每个驱动模块最多包含 9 个伺服驱动单元,可处理 6 个机器人本体轴和 3 个外部轴。图 2-10 为 IRC5 控制器控制面板示意图。

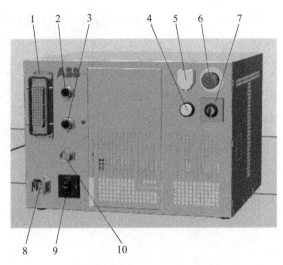

1—动力电缆接口；2—示教器电缆接口；3—力控制信号电缆接口；4—复位与上电按钮；5—机器人本体松刹车按钮；6—急停按钮；7—运动模式转换开关；8—编码器电缆接口；9—主电源控制开关；10—220 V电源插口。

图 2-10　IRC5 控制器控制面板示意图

借助于 I/O 板，机器人控制器可以发送和接收数字信号或模拟信号，从而实现与外部设备的交互通信和控制。ABB 工业机器人常用标准 I/O 板的型号和端口数量如表 2-2 所示。

表 2-2　ABB 工业机器人常用标准 I/O 板的型号和端口数量

型号	数字输入	数字输出	模拟输入	模拟输出
DSQC651	8	8	2	—
DSQC652	16	16	—	—
DSQC653	8（继电器）	8（继电器）	—	—
DSQC355A	—	—	4	4

2.4　工业机器人的常用坐标系

在对工业机器人自身结构进行分析以及机器人的应用过程中，需要借助多种坐标系。本节介绍工业机器人的常用坐标系。需要指出的是，工业机器人的各种坐标系的定义一般都符合右手定则，如图 2-11 所示。在图中，右手食指、中指和拇指呈相互垂直状，分别代表 X、Y、Z 轴的正方向。

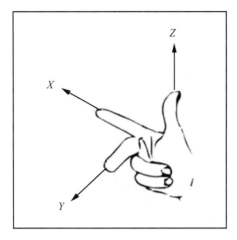

图 2-11　坐标系右手定则示意图

2.4.1　大地坐标系

大地坐标系是将坐标原点设置在大地上的直角坐标系,也被称为世界坐标系。在具有外部轴的机器人系统(图 2-12)或多机器人协同工作的系统(图 2-13)中,大地坐标系对于描述系统中各部件之间的相互位置关系非常有利。

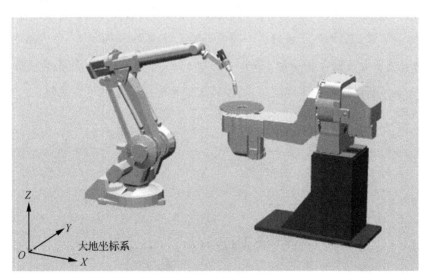

图 2-12　具有外部轴的机器人系统

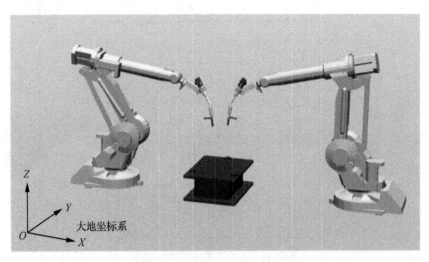

图 2-13 双机器人协同工作系统

2.4.2 基坐标系

基坐标系是以机器人安装基座为基准,用来描述机器人本体运动的直角坐标系,是机器人描述和跟踪 TCP 在三维空间中位置的基本坐标系。一般选取机器人正面向前为 X 轴正方向,Y 轴指向机器人侧面方向,Z 轴垂直于机器人安装基座平面。

基坐标系位置依机器人安装位置不同而不同。如图 2-14 所示,一台机器人安装于地面,另一台安装于天花板。相应地,基坐标系 $O_1X_1Y_1Z_1$ 位于地面,而基坐标系 $O_2X_2Y_2Z_2$ 位于天花板。当基坐标系位于地面时,可以将大地坐标系设置为与其重合。

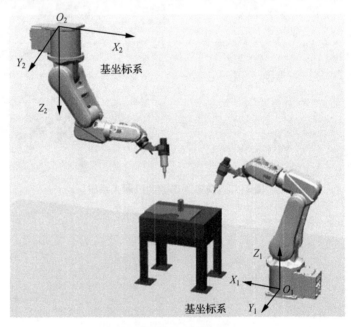

图 2-14 基坐标系示意图

2.4.3 工具坐标系

工具坐标系是以工具中心点（TCP）作为坐标原点的三维坐标系，一般选取工具的纵向轴线作为 Z 轴，如图 2-15 所示。借助工具坐标系，人们可方便地对机器人末端工具的动作（包括移动方向和移动距离）进行定义或描述。对于 ABB 机器人，在机械臂末端法兰盘处已经定义了一个基本工具坐标系（图中 $O_3X_3Y_3Z_3$ 坐标系，也被称为 tool0 坐标系），供用户编程时使用。

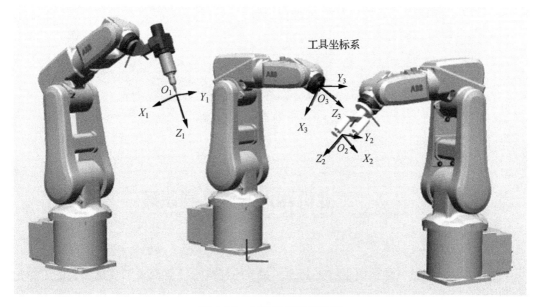

图 2-15 工具坐标系示意图

2.4.4 工件坐标系

工件坐标系是以工件或放置工件的工作台为基准的直角坐标系，如图 2-16 所示。建立工件坐标系的目的，是充分利用工件与工作台或工件与工件之间的相对位置关系，使得对机器人动作的描述更为方便。在一个机器人工作站中，可以根据实际需要建立多个工件坐标系。

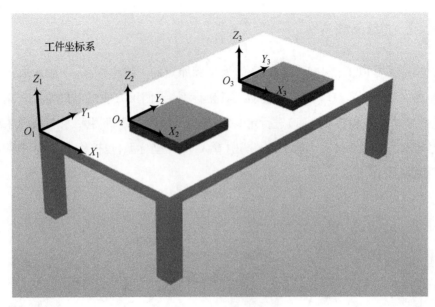

图 2-16 工件坐标系示意图

2.5 工业机器人的运动学原理

机器人本质上是一种末端带有工具的多关节连杆机构。要深入了解机器人的工作过程,必须借助"坐标变换"这一有力的数学工具,对其运动学原理进行分析,特别是对末端工具与机器人本体之间的相对位置关系进行分析。

2.5.1 坐标系的单轴旋转变换

图 2-17 中有两个直角坐标系:$OXYZ$ 和 $O_pX_pY_pZ_p$。P 点是坐标系 $O_pX_pY_pZ_p$ 中的一个点,坐标为 (x_p, y_p, z_p),通过连杆 OP 与 $O_pX_pY_pZ_p$ 固定连接。初始时,坐标系 $OXYZ$ 和 $O_pX_pY_pZ_p$ 完全重合。坐标系 $O_pX_pY_pZ_p$ 绕 Z 轴转动 θ 角度以后,根据连杆 OP 的长度不变性与和差角的三角函数计算公式,可得 P 点在坐标系 $OXYZ$ 中的坐标为

$$x = x_p\cos\theta - y_p\sin\theta \tag{2-1}$$

$$y = x_p\sin\theta + y_p\cos\theta \tag{2-2}$$

$$z = z_p \tag{2-3}$$

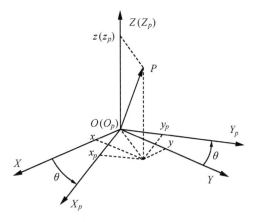

图 2-17 坐标系绕 Z 轴旋转示意图

将上述计算公式写成矩阵形式,得

$$\begin{bmatrix} x \\ y \\ z \\ 1 \end{bmatrix} = \begin{bmatrix} \cos\theta & -\sin\theta & 0 & 0 \\ \sin\theta & \cos\theta & 0 & 0 \\ 0 & 0 & 1 & 0 \\ 0 & 0 & 0 & 1 \end{bmatrix} \begin{bmatrix} x_p \\ y_p \\ z_p \\ 1 \end{bmatrix} \quad (2\text{-}4)$$

为了便于后续的分析,在式(2-4)中,在点 P 的坐标向量中添加一个分量,其值恒为 1。式(2-4)可进一步表示为

$$V = R_z V_p \quad (2\text{-}4)^*$$

其中坐标向量 $V = [x \ y \ z \ 1]^T$,$V_p = [x_p \ y_p \ z_p \ 1]^T$,绕 Z 轴的旋转变换矩阵为

$$R_z = \begin{bmatrix} \cos\theta & -\sin\theta & 0 & 0 \\ \sin\theta & \cos\theta & 0 & 0 \\ 0 & 0 & 1 & 0 \\ 0 & 0 & 0 & 1 \end{bmatrix} \quad (2\text{-}5)$$

类似地,可得绕 X 轴的旋转变换矩阵为

$$R_x = \begin{bmatrix} 1 & 0 & 0 & 0 \\ 0 & \cos\alpha & -\sin\alpha & 0 \\ 0 & \sin\alpha & \cos\alpha & 0 \\ 0 & 0 & 0 & 1 \end{bmatrix} \quad (2\text{-}6)$$

绕 Y 轴的旋转变换矩阵为

$$\boldsymbol{R}_y = \begin{bmatrix} \cos\beta & 0 & \sin\beta & 0 \\ 0 & 1 & 0 & 0 \\ -\sin\beta & 0 & \cos\beta & 0 \\ 0 & 0 & 0 & 1 \end{bmatrix} \tag{2-7}$$

式(2-6)中 α 为绕 X 轴旋转的角度,式(2-7)中 β 为绕 Y 轴旋转的角度。

2.5.2 坐标系的平移变换

设直角坐标系 $O_p X_p Y_p Z_p$ 在开始时与坐标系 $OXYZ$ 完全重合,后相对坐标系 $OXYZ$ 做平移运动。位移矢量为 $\boldsymbol{d} = \begin{bmatrix} d_x & d_y & d_z \end{bmatrix}^T$,其中 d_x、d_y、d_z 分别为 $\boldsymbol{d}$ 沿 X、Y、Z 轴的分量,如图 2-18 所示。此时点 P 在坐标系 $OXYZ$ 中的坐标为

$$x = x_p + d_x \tag{2-8}$$

$$y = y_p + d_y \tag{2-9}$$

$$z = z_p + d_z \tag{2-10}$$

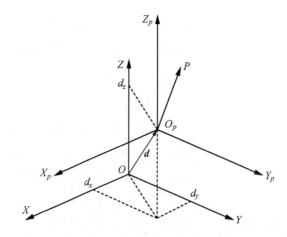

图 2-18 坐标系 $O_p X_p Y_p Z_p$ 相对坐标系 $OXYZ$ 平移示意图

将上述计算公式表达为矩阵形式,得

$$\begin{bmatrix} x \\ y \\ z \\ 1 \end{bmatrix} = \begin{bmatrix} 1 & 0 & 0 & d_x \\ 0 & 1 & 0 & d_y \\ 0 & 0 & 1 & d_z \\ 0 & 0 & 0 & 1 \end{bmatrix} \begin{bmatrix} x_p \\ y_p \\ z_p \\ 1 \end{bmatrix} \tag{2-11}$$

由此可得平移变换矩阵为

$$T = \begin{bmatrix} 1 & 0 & 0 & d_x \\ 0 & 1 & 0 & d_y \\ 0 & 0 & 1 & d_z \\ 0 & 0 & 0 & 1 \end{bmatrix} \tag{2-12}$$

2.5.3 复合坐标变换

当直角坐标系 $O_pX_pY_pZ_p$ 与 $OXYZ$ 的坐标原点不重合、对应坐标轴不平行时[图2-19(e)],二者之间的坐标变换被称为复合坐标变换。由图2-19可知,复合坐标变换可以被视为通过三个绕坐标轴的基本旋转变换和一个基本平移变换形成。根据各基本变换之间的顺序,可得复合坐标变换公式为

$$V = TR_zR_yR_xV_p \tag{2-13}$$

令复合变换矩阵 $S = TR_zR_yR_x$,式(2-13)可进一步简化为

$$V = SV_p \tag{2-14}$$

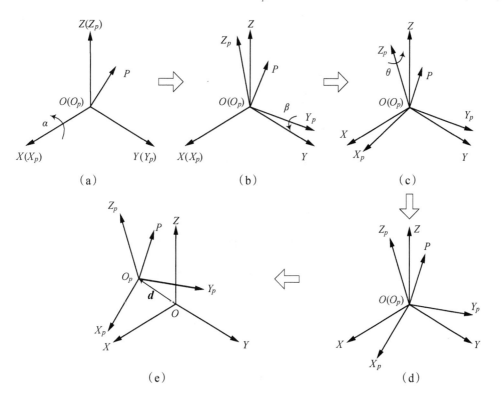

图2-19 复合坐标变换形成过程示意图

2.5.4 工业机器人运动学的正运算和逆运算

现以 6 自由度垂直多关节机器人为例,讨论机器人运动学的正运算和逆运算。图 2-20 所示为带有一枪形工具的 ABB IRB 120 型机器人。图 2-20 中除机器人基坐标系外,在每个机器人关节处建有一个关节坐标系。每个关节可分别绕相应关节坐标系的一个轴转动,转角大小分别记为 $\varphi_i(i=1,2,\cdots,6)$。设关节坐标系 1 相对于基坐标系的复合变换矩阵为 S_1,关节坐标系 $i(i=2,3,\cdots,6)$ 相对于基坐标系的复合变换矩阵为 S_i,TCP 在关节坐标系 6 中的位置坐标矢量为 V_p。

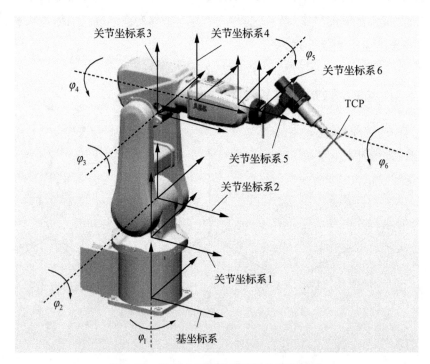

图 2-20 机器人的基坐标系与关节坐标系

假设在初始状态下,各关节的转角 $\varphi_i = 0(i=1,2,\cdots,6)$。根据式(2-14)可得 TCP 在基坐标系中的位置坐标矢量为

$$V_0 = S_6 S_5 S_4 S_3 S_2 S_1 V_p \tag{2-15}$$

显然,$S_i(i=1,2,\cdots,6)$ 仅与机器人自身的结构有关,而 V_p 仅与工具的结构有关。因此 V_0 是由机器人及其末端工具的结构参数决定的。

当机器人处于工作状态时,各关节可能发生转动,即 φ_i 的值可能不为零。此时,TCP 在基坐标系中的位置坐标矢量为

$$V = S_6 R_6(\varphi_6) S_5 R_5(\varphi_5) S_4 R_4(\varphi_4) S_3 R_3(\varphi_3) S_2 R_2(\varphi_2) S_1 R_1(\varphi_1) V_p \tag{2-16}$$

式(2-16)中$R_i(\varphi_i)$表示关节i绕其转动轴旋转的坐标变换矩阵。

举例说明上述计算过程。首先,通过示教器,将图2-20中机器人各关节转角调节为0°[图2-21(a)]。此时,示教器显示TCP在基坐标系中的坐标为(374.00,0.00,630.00)(mm),如图2-21(b)所示;机器人及工具的姿态如图2-20所示。然后,将图2-20中机器人关节1至关节6的转角分别调节为-15°、-20°、5°、0°、45°、0°[图2-22(a)]。此时,示教器显示TCP在基坐标系中的坐标为(235.31,-63.04,653.50)(mm),如图2-22(b)所示;机器人及工具的姿态如图2-22(c)所示。

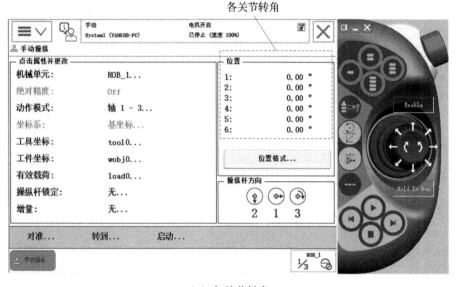

(a) 各关节转角

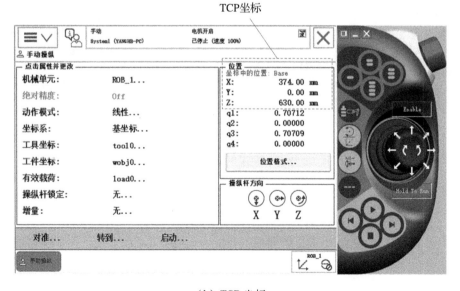

(b) TCP坐标

图2-21 机器人初始状态的各关节转角与TCP坐标

(a) 各关节转角

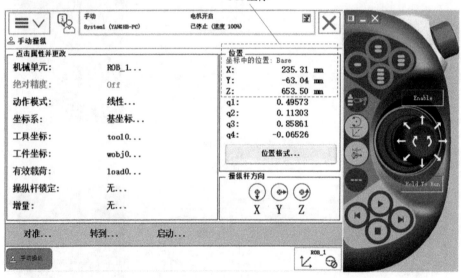

(b) TCP 坐标

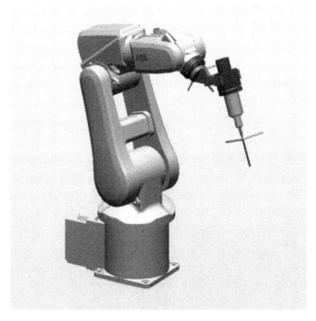

(c)机器人及工具的姿态

图 2-22 某工作状态下机器人系统的各关节转角、TCP 坐标与姿态

由上述分析可知,TCP 在机器人基坐标系中的坐标与各关节的转角有关。令关节转角向量为 $\boldsymbol{\varphi}=[\varphi_1 \varphi_2 \varphi_3 \varphi_4 \varphi_5 \varphi_6]^T$。显然,式(2-16)可进一步简化为

$$V = f(\boldsymbol{\varphi}) \tag{2-17}$$

式(2-17)是机器人运动学的基本方程。由于工具坐标向量 V 代表了工具在基坐标系中的位姿,式(2-17)实际上描述了关节转角向量 $\boldsymbol{\varphi}$ 与工具位姿之间的关系。根据此关系,由关节转角向量计算工具位姿的运算被称为机器人运动学的正运算;反过来,由工具位姿推算关节转角向量的运算被称为机器人运动学的逆运算。机器人在运动过程中,需要不断进行运动学正运算或逆运算,才能完成各项预定的任务。例如,在机器人示教过程中,需要根据操作人员的操作指令和运动学正运算法则,计算工具的位姿,并予以保存。而在机器人再现过程中,需要根据预定的工具位姿和运动学逆运算法则,计算机器人各关节轴运动的转角。

当然,机器人的正常工作不仅依赖于运动学运算,而且依赖于动力学运算。后者解决的是机器人各关节转动角度、速度、加速度与各关节驱动器的驱动力或力矩之间的计算问题。与运动学运算一样,动力学运算也分为正运算和逆运算。关于机器人动力学运算问题,本书不做进一步分析。

 **思考题**

1. 工业机器人的驱动方式主要有哪些基本类型？每种驱动类型的优点和缺点分别是什么？
2. 工业机器人常用的坐标系有哪几种？每种坐标系的特点是什么？
3. 如何理解工业机器人运动学的正运算和逆运算？

第 3 章　工业机器人的手动操作

手动操作是工业机器人应用的基础。人们只有通过熟练地对工业机器人进行操作，才能有效地对机器人进行现场编程和应用。机器人的手动操作一般通过示教器完成。本章首先介绍 ABB 机器人的示教器，在此基础上再介绍 ABB 机器人的手动操作方法。

3.1　ABB 机器人的示教器简介

正如第 2 章所述，示教器是机器人控制器中的人机接口部分，是对机器人进行操作、编程和控制的主要装置，也是显示机器人内部状态信息的主要终端设备。本节对 ABB 机器人的示教器进行详细介绍。

3.1.1　示教器的功能和外观

ABB 机器人的示教器也被称为 FlexPendant，是一种手持式操作装置，用于执行与机器人有关的多种任务，包括手动操作机器人、编辑程序、运行程序等。FlexPendant 可在较为恶劣的工业环境下使用，其触摸屏易于清洁，且具有防水、防油等特性。FlexPendant 的外观结构如图 3-1 所示。

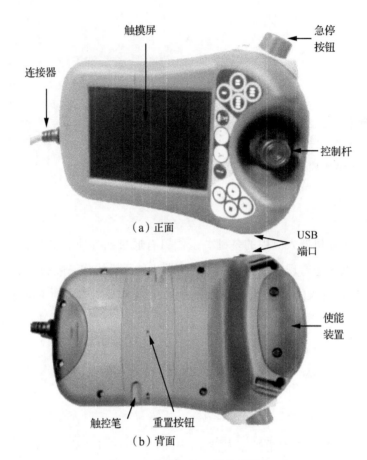

图 3-1　FlexPendant 的外观结构

3.1.2　实体控制键简介

FlexPendant 不仅可以通过触摸屏进行触控,而且可以通过一组实体控制键(图 3-2),更加便捷地操作机器人。实体控制键包括预设功能键、机械单元切换键、动作模式切换键、增量模式切换键、启动键、单步前进键、单步后退键、停止键。其中,预设功能键用于自定义一些快捷操作,例如通过数字输出信号实现对工具开关动作的控制。机械单元切换键用于多机器人应用或具有外轴的场合,实现对多个控制对象的切换。动作模式切换键一用于在重定位动作和线性动作两种模式之间切换,动作模式切换键二用于在轴 1-3 动作和轴 4-6 动作两种模式之间切换。增量模式切换键用于在增量有无和增量大小之间切换。

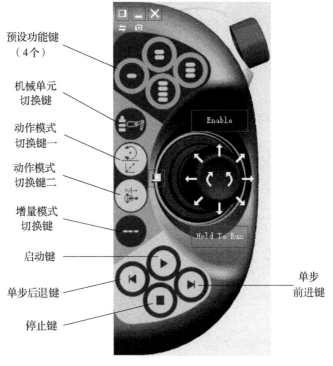

图 3-2 FlexPendant 的实体控制键

3.1.3 FlexPendant 的主菜单

FlexPendant 操作界面支持 20 种语言。通过控制面板将"语言"选项设置为"中文"后,单击显示屏左上角的下拉菜单按键,进入 FlexPendant 的主菜单,如图 3-3 所示。

图 3-3 FlexPendant 的主菜单

3.1.4 FlexPendant 的操作方式

操作 FlexPendant 时,通常会手持该设备,如图 3-4 所示。惯用右手者用左手持设备,右手在触摸屏上执行操作。而惯用左手者可以通过控制面板"外观"选项中的"向右旋转"功能,将显示器的显示内容旋转 180°,就可以改为使用右手持设备。

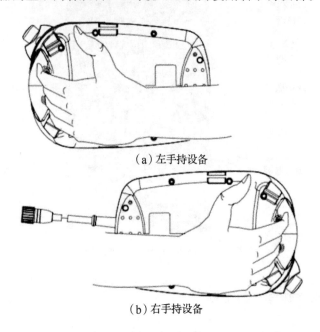

(a) 左手持设备

(b) 右手持设备

图 3-4 FlexPendant 的手持方式

3.2 工业机器人的单轴动作

在图 3-3 中,单击"手动操纵"选项,进入动作模式选择画面,如图 3-5 所示。从图中可见,ABB 机器人的动作模式可分为"轴 1-3""轴 4-6""线性""重定位"4 种。其中"轴 1-3""轴 4-6"属于单轴动作模式。

轴 1-3:通过控制杆前后、左右和旋转运动,可分别控制轴 1-3 中一个轴的转动。该组一般用于机器人在大范围内的转动操作,目的为将机器人的工具运送至工作区域附近。

轴 4-6:通过控制杆前后、左右和旋转运动,可分别控制轴 4-6 中一个轴的转动。该组一般用于调整机器人工具的姿态和精细位置,以便机器人准确实现预期的动作。

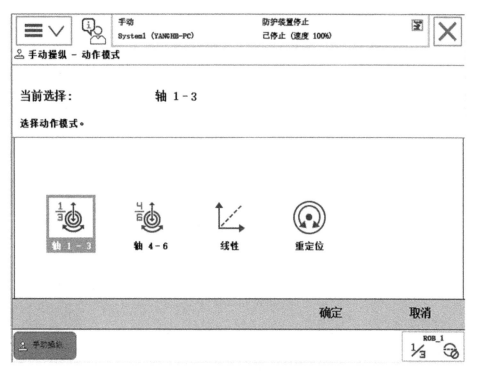

图 3-5　ABB 机器人的动作模式选择页面

3.2.1　轴 1-3 的操作

选择"轴 1-3"并单击"确定"后，FlexPendant 页面如图 3-6 所示。图中右下角部分提示了控制杆运动方向与运动关节轴之间的对应关系。为方便操作员记忆，现将"轴 1-3"的运动描述如下（假设非运动轴保持在初始位置）：

1、2 轴：当操作员正确手持示教器，并与机器人正面相对时，机器人的运动趋势与控制杆的运动方向是一致的。当控制杆向左拨动时，机器人向左转动，如图 3-7 所示；当控制杆向右拨动时，机器人向右转动，如图 3-8 所示。当控制杆向前拨动时，机器人具有远离操作员的运动趋势，如图 3-9 所示；当控制杆向后拨动时，机器人具有靠近操作员的运动趋势，如图 3-10 所示。这样的设计符合人的直觉，有利于对机器人的操控。

3 轴：当控制杆逆时针旋转运动时，机器人上臂产生抬升运动，如图 3-11 所示。反之，当控制杆顺时针旋转运动时，机器人上臂产生下降运动，如图 3-12 所示。

图 3-6 动作模式选择"轴 1–3"

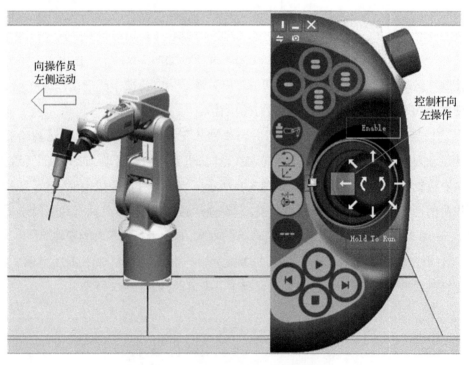

图 3-7 "轴 1–3"动作模式下控制杆向左操作

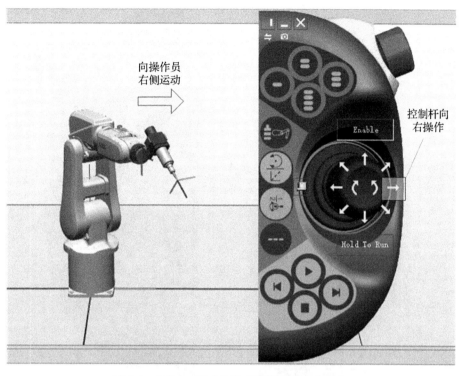

图 3-8 "轴 1–3"动作模式下控制杆向右操作

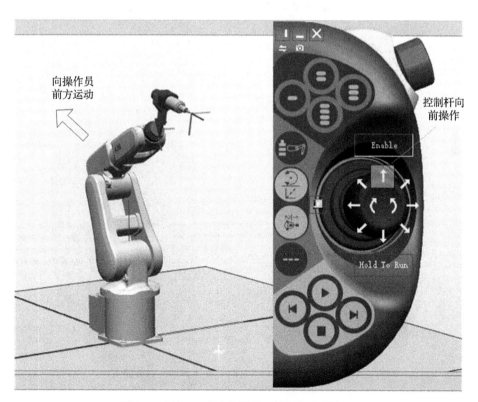

图 3-9 "轴 1–3"动作模式下控制杆向前操作

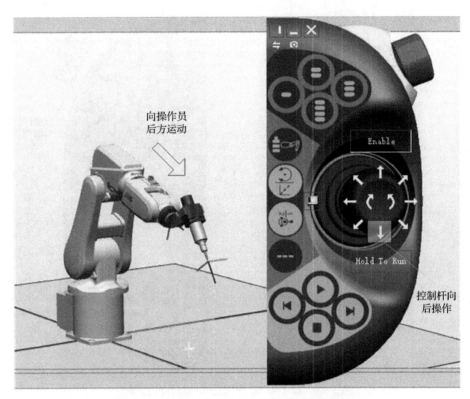

图 3-10 "轴 1 – 3"动作模式下控制杆向后操作

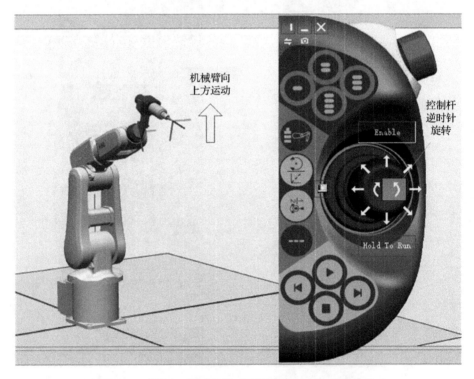

图 3-11 "轴 1 – 3"动作模式下控制杆逆时针旋转操作

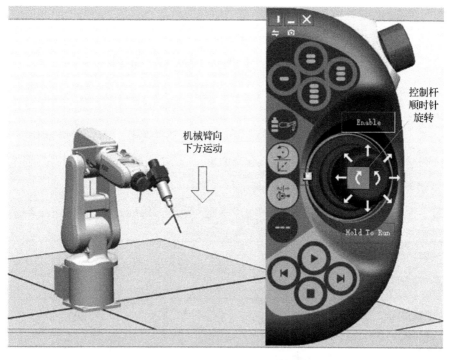

图 3-12 "轴 1-3"动作模式下控制杆顺时针旋转操作

3.2.2 轴 4-6 的操作

选择"轴 4-6"后,FlexPendant 页面如图 3-13 所示。图中右下角部分提示了控制杆运动方向与运动关节轴之间的对应关系。

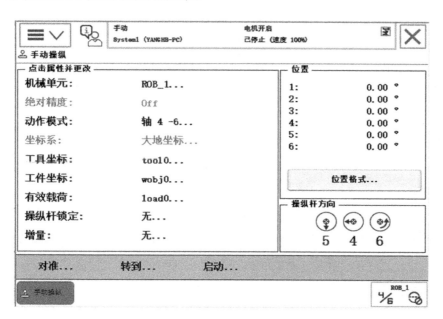

图 3-13 动作模式选择"轴 4-6"

3.3 工业机器人的线性动作

在机器人的单轴动作中,控制的目标是机器人的某一关节。而在线性动作模式下,控制的目标则是机器人的工具坐标系的原点(TCP)。如果机器人未安装工具,则系统会默认 TCP 为机器人手臂末端法兰盘中心点。

在图 3-5 所示页面选择"线性"并单击"确定"后,FlexPendant 页面如图 3-14 所示。

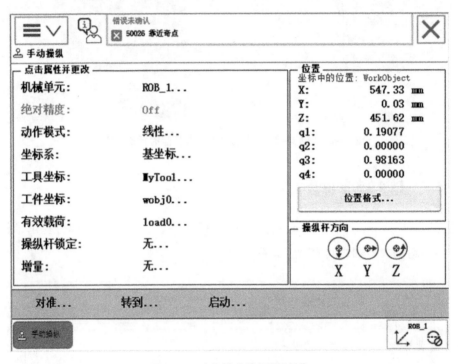

图 3-14　动作模式选择"线性"

在"线性"动作模式下,控制杆的运动方向分别与所选坐标系的 X、Y、Z 轴的正方向具有对应关系。当坐标系选择"基坐标系"(图 3-14)时,在操作员手持示教器与机器人正面相对时,TCP 在前、后、左、右四个方向(X、Y 轴方向)的运动趋势与控制杆的运动趋势是一致的。例如,当控制杆向操作员左侧拨动时,TCP 向操作员的左侧移动;当控制杆向操作员前方拨动时,TCP 向操作员的前方移动。这种一致性使机器人更容易被操作。在 Z 轴方向上,当控制杆逆时针旋转运动时,机器人 TCP 向上运动;当控制杆顺时针旋转运动时,机器人 TCP 向下运动。

3.4　工业机器人的重定位动作

在上一节中我们指出,机器人线性运动的特点是:工具 TCP 做平移运动,而工具姿态保持不变。机器人的重定位动作正好与线性动作相反,它改变工具的姿态,而 TCP 的空间位置保持不变。其目的是调整工具的姿态,使其更适合于特定的工作任务。

在图 3-5 所示页面选择"重定位"并单击"确定"后,FlexPendant 页面如图 3-15 所示。图中右下角部分提示了控制杆运动方向与转轴(所选坐标系的坐标轴)之间的对应关系。图 3-16 所示为工业机器人工具重定位运动示意图,机器人的枪形工具绕工具坐标系(MyTool)X、Y、Z 轴转动。

图 3-15　动作模式选择"重定位"

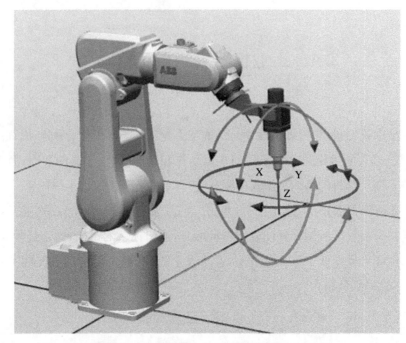

图 3-16　工业机器人工具重定位运动示意图

以上介绍了工业机器人在手动操作时的三种动作模式。在实际应用中,应将上述三种动作模式组合运用,以便快速调整机器人工具的位姿,满足对机器人示教操作的需要。

思考题

1. 工业机器人示教器具有哪些基本功能?
2. FlexPendant 各个实体控制键的功能是什么?
3. 工业机器人具有哪几种动作模式?各种动作模式的特点是什么?

第4章　工业机器人的编程语言

工业机器人作为一种可编程的自动化装备,所执行的各种工作任务都必须转化为机器人能够识别的程序。因此,了解机器人编程语言是理解机器人工作原理、掌握机器人应用方法的基础。鉴于 ABB 机器人所采用的 RAPID 语言是一种数据类型丰富、指令齐全、可读性好的机器人编程语言,本章将介绍 RAPID 语言的基本知识,包括数据类型、指令和函数。

4.1　程序数据类型

数据是构成机器人指令的基本要素,程序中的指令通过对数据进行存储、分析、计算等各种操作,才能完成各种复杂的工作任务。

RAPID 语言有 100 多种数据类型。在示教器"程序数据-全部数据类型"页面,通过翻页键,可以查看当前正在使用的机器人所能支持的全部数据类型,如图 4-1 所示。

图 4-1 示教器"程序数据—全部数据类型"页面

RAPID 语言的常用数据类型如下：

bool：布尔量

byte：整数数据（范围为 0~255）

clock：计时数据

dionum：数字输入/输出信号（0 或 1）

extjoint：外轴位置数据

intnum：中断标志符

jointtarget：关节位置数据

loaddata：负荷数据

mecunit：机械装置数据

num：数值数据

orient：姿态数据

pos：位置数据（只有 X、Y 和 Z 轴方向）

pose：坐标转换

robjoint：机器人关节轴角度数据

robtarget：机器人与外轴的位置数据

signalao：模拟输出信号

signaldo：数字输出信号

signaldi：数字输入信号

signalxx：数字和模拟信号

speeddata：机器人与外轴的速度数据

stoppointdata：停止点数据

string：字符串

switch：可选参数

tooldata：工具数据

trapdata：中断数据

wobjdata：工件数据

zonedata：TCP 转弯半径数据

4.2 程序数据的存储属性

在 RAPID 语言中，程序数据的存储属性有如下三种。

1. VAR：变量

变量型数据声明时，可以被赋予初始值。在程序执行的过程中和停止时，会保持当前的值。但如果程序指针被转移到主程序后，变量型数据数值不能保持，而是恢复成声明时被赋予的初始值。

应用举例：（注："!"为 RAPID 语言注释符号，其后为注释内容）

VAR num length：=10；　　　！名称为 length 的数值数据，初始值为 10。

VAR string name：="Mike"；　！名称为 name 的字符数据，初始值为"Mike"。

VAR bool signal：=TRUE；　　！名称为 signal 的布尔量数据，初始值为 TRUE。

2. PERS：可变量

不论程序指针如何变化，可变量型数据都会保持最后被赋予的值。

应用举例：

PERS num counter：=0；　　　！名称为 counter 的数值数据，初始值为 0。

PERS string words：="Hello"；　！名称为 words 的字符数据，初始值为"Hello"。

3. CONST：常量

常量在定义时被赋值，在程序其他地方不能通过赋值操作进行修改，只能手动修改。

应用举例：

CONST num maximum：= 100；　　　！名称为 maximum 的数值数据，初始值为 100。

CONST string text：= "Welcome"；　！名称为 text 的字符数据，初始值为"Welcome"。

4.3　常用编程指令介绍

ABB 机器人具有功能丰富的指令集，共有各类指令 300 种以上。本节按照指令功能，分组介绍 ABB 机器人的一些常用编程指令和函数。

4.3.1　赋值指令

格式：

　　Data：= Value；

参数：

　　Data——被赋值的数据。　　（所有数据类型）

　　Value——数据被赋予的值。　（数据类型与 Data 相同）

作用：

对系统内所有变量或可变量型数据进行赋值。在数据赋值时，可以进行相应计算。程序通过赋值指令可以自动改变数据的值，从而完成特定的工作任务。

应用举例：

　　ABB：= reg1 + reg3；　　　　！（num）

　　greeting：= "WELCOME"；　　！（string）

　　pHome：= p1；　　　　　　　！（robtarget）

注意事项：

（1）常量数据不允许进行赋值。

（2）必须在相同的数据类型之间进行赋值。

4.3.2 计数指令

1. Add

格式:

　　Add Name, AddValue;

参数:

　　Name——数据名称。　　　　(num)

　　AddValue——增加的值。　　(num)

作用:

在一个数值数据值上增加相应的值,可以用赋值指令替代。

应用举例:

　　Add reg1,3;　　　　!等同于　reg1: = reg1 + 3;

　　Add reg1, - reg2;　!等同于　reg1: = reg1 - reg2;

2. Clear

格式:

　　Clear Name;

参数:

　　Name——数据名称。　　　　(num)

作用:

将一个数值数据的值归零,可以用赋值指令替代。

应用举例:

　　Clear reg1;　　!等同于　reg1: = 0;

3. Incr

格式:

　　Incr Name;

参数:

　　Name——数据名称。　　　　(num)

作用:

在一个数值数据值上增加1,可以用赋值指令替代。

应用举例:

　　Incr reg1;　　!等同于 reg1: = reg1 + 1;

4. Decr

格式:

　　Decr Name;

参数:

　　Name——数据名称。　　　　（num）

作用:

在一个数值数据值上减少1,可以用赋值指令替代。

应用举例:

　　Decr reg1; !等同于 reg1: = reg1 - 1;

4.3.3 运动指令

1. MoveJ

格式:(注:符号"[ ]"内的参量为可选项)

　　MoveJ [\Conc,] ToPoint, Speed [\V]|[\T], Zone [\Z][\Inpos], Tool [\WObj];

参数:

　　[\Conc]——协作运动开关。　　　　（switch）
　　ToPoint——目标点,默认名称为 *。　（robtarget）
　　Speed——运行速度数据。　　　　　（speeddata）
　　[\V]——特殊运行速度(mm/s)。　　（num）
　　[\T]——运行时间控制(s)。　　　　（num）
　　Zone——运行转角数据。　　　　　（zonedata）
　　[\Z]——特殊运行转角数据(mm)。　（num）
　　[\Inpos]——运行停止点数据。　　　（stoppointdata）
　　Tool——工具中心点(TCP)。　　　　（tooldata）
　　[\WObj]——工件坐标系。　　　　　（wobjdata）

作用:

机器人以最快捷的方式运动至目标点,运动状态不完全可控,但运动路径保持唯一,常用于机器人在空间大范围移动。

应用举例:

　　MoveJ p1,v200,fine,tool1;

　　MoveJ p1,v200,z10,tool1\WObj: = wobject1;

MoveJ p1,v300,fine\Inpos: = inpos50,tool1;

MoveJ p3,v500,fine,tool1;

上述最后一条指令的运行轨迹如图 4-2 所示。

2. MoveL

格式：

MoveL [\Conc,] ToPoint,Speed [\V]|[\T],Zone [\Z][\Inpos],Tool [\WObj][\Corr];

参数：

[\Conc]——协作运动开关。　　　　（switch）

ToPoint——目标点,默认名称为 *。　（robtarget）

Speed——运行速度数据。　　　　　（speeddata）

[\V]——特殊运行速度(mm/s)。　　（num）

[\T]——运行时间控制(s)。　　　　（num）

Zone——运行转角数据。　　　　　（zonedata）

[\Z]——特殊运行转角数据(mm)。　（num）

[\Inpos]——运行停止点数据。　　　（stoppointdata）

Tool——工具中心点(TCP)。　　　　（tooldata）

[\WObj]——工件坐标系。　　　　　（wobjdata）

[\Corr]——修正目标点开关。　　　　（switch）

作用：

机器人以线性移动方式运动至目标点,当前点与目标点两点确定一条直线,机器人运动状态可控,运动路径保持唯一,可能出现机械卡死点,常用于机器人在工作状态的移动。

应用举例：

MoveL p1,v2000,fine,tool1;

MoveL p1,v2000,z40,tool1\WObj: = wobjTable;

MoveL p1,v2000,fine\Inpos: = inpos50,tool1;

MoveL p1,v200,z10,tool1;

MoveL p2,v100,fine,tool1;

上述最后两条指令的运行轨迹如图 4-2 所示。

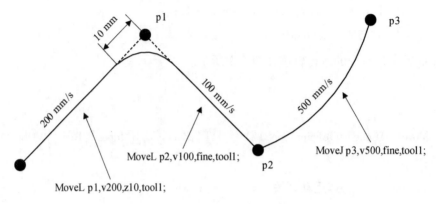

图 4-2　MoveJ 与 MoveL 指令示意图

3. MoveC

格式：

　　MoveC [\Conc,] CirPoint,ToPoint,Speed [\V]|[\T],Zone [\Z][\Inpos],
　　Tool [\WObj][\Corr];

参数：

　　[\Conc]——协作运动开关。　　　　　　（switch）
　　CirPoint——中间点,默认名称为 *。　　（robtarget）
　　ToPoint——目标点,默认名称为 *。　　 （robtarget）
　　Speed——运行速度数据。　　　　　　　（speeddata）
　　[\V]——特殊运行速度(mm/s)。　　　　（num）
　　[\T]——运行时间控制(s)。　　　　　　（num）
　　Zone——运行转角数据。　　　　　　　　（zonedata）
　　[\Z]——特殊运行转角数据(mm)。　　　（num）
　　[\Inpos]——运行停止点数据。　　　　　（stoppointdata）
　　Tool——工具中心点(TCP)。　　　　　　（tooldata）
　　[\WObj]——工件坐标系。　　　　　　　（wobjdata）
　　[\Corr]——修正目标点开关。　　　　　（switch）

作用：

　　机器人通过中间点以圆弧移动方式运动至结束点,当前点、中间点与结束点三点确定一段圆弧(图 4-3),机器人运动状态可控,运动路径保持唯一,常用于机器人在工作状态的移动。需要指出的是,在当前点、中间点与结束点上,工具可以有不同的姿态(根据工作任务需要,在示教过程中调整完成)。在 MoveC 指令运行过程中,TCP 沿着预定的圆形轨迹运动。同时,工具姿态在各目标点之间连续、平滑地变化。这是因为目标点的示教内容不仅包含工具的位置,还包括工具的姿态。MoveJ 和 MoveL 指令同样具有这种运动特性。

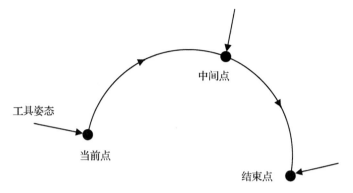

图 4-3 MoveC 指令运动轨迹示意图

应用举例：

　　MoveC p1,p2,v2000,fine,tool1;

　　MoveC p1,p2,v2000,z40,tool1\WObj：= wobjTable;

　　MoveC p1,p2,v2000,fine\Inpos：= inpos50,tool1;

注意事项：

不可能通过一个 MoveC 指令完成一个圆。一个完整的圆可通过两条 MoveC 指令完成。例如,如图 4-4 所示的圆可以通过以下程序完成：

　　MoveL p1,v500,fine,tool1;

　　MoveC p2,p3,v500,z20,tool1;

　　MoveC p4,p1,v500,fine,tool1;

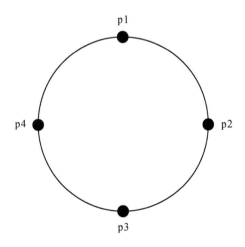

图 4-4 圆形轨迹示意图

4. MoveJDO

格式：

MoveJDO ToPoint,Speed [\T],Zone,Tool [\WObj],Signal,Value；

参数：

ToPoint——目标点,默认名称为*。　　（robtarget）
Speed——运行速度数据。　　　　　　（speeddata）
[\T]——运行时间控制(s)。　　　　　　（num）
Zone——运行转角数据。　　　　　　　（zonedata）
Tool——工具中心点(TCP)。　　　　　（tooldata）
[\WObj]——工件坐标系。　　　　　　（wobjdata）
Signal——数字输出信号名称。　　　　（signaldo）
Value——数字输出信号值。　　　　　（dionum）

作用：

机器人以最快捷的方式运动至目标点,并且在目标点将相应输出信号设置为相应值,在 MoveJ 基础上增加信号输出功能。

应用举例：

MoveJDO p2,v1000,z30,tool2,do1,1；

在上述这条指令执行过程中,如果下一个目标点是 p3,那么 do1 信号在运行轨迹转向 p3 的过程中,在转弯区域内靠近点 p2 处被置为 1,如图 4-5 所示。

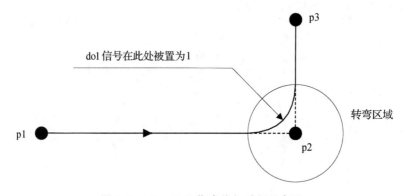

图 4-5　MoveJDO 指令执行过程示意图

5. MoveLDO

格式：

MoveLDO ToPoint,Speed [\T],Zone,Tool [\WObj],Signal,Value；

参数：

ToPoint——目标点,默认名称为 * 。　　（robtarget）

Speed——运行速度数据。　　　　　（speeddata）

[\T]——运行时间控制(s)。　　　　（num）

Zone——运行转角数据。　　　　　（zonedata）

Tool——工具中心点(TCP)。　　　　（tooldata）

[\WObj]——工件坐标系。　　　　　（wobjdata）

Signal——数字输出信号名称。　　（signaldo）

Value——数字输出信号值。　　　　（dionum）

作用：

机器人以线性运动的方式运动至目标点,并且在目标点将相应输出信号设置为相应值,在指令 MoveL 基础上增加信号输出功能。

应用举例：

MoveLDO p2,v1000,z30,tool2,do1,1;

注意事项：

转弯区域内的动作特性与 MoveJDO 指令相似。

6. MoveCDO

格式：

MoveCDO CirPoint,ToPoint,Speed [\T],Zone,Tool [\WObj],Signal,Value;

参数：

CirPoint——中间点,默认名称为 * 。　（robtarget）

ToPoint——目标点,默认名称为 * 。　（robtarget）

Speed——运行速度数据。　　　　　（speeddata）

[\T]——运行时间控制(s)。　　　　（num）

Zone——运行转角数据。　　　　　（zonedata）

Tool——工具中心点(TCP)。　　　　（tooldata）

[\WObj]——工件坐标系。　　　　　（wobjdata）

Signal——数字输出信号名称。　　（signaldo）

Value——数字输出信号值。　　　　（dionum）

作用：

机器人通过中间点以圆弧移动方式运动至目标点,并且在目标点将相应输出信号设置为相应值,在指令 MoveC 基础上增加信号输出功能。

应用举例：

MoveCDO p2,p3,v500,z30,tool2,do1,1;

注意事项:

转弯区域内的动作特性与 MoveJDO 指令相似。

7. MoveJSync

格式:

MoveJSync ToPoint,Speed [\T],Zone,Tool [\WObj],Proc;

参数:

ToPoint——目标点,默认名称为 *。　　(robtarget)

Speed——运行速度数据。　　　　　　(speeddata)

[\T]——运行时间控制(s)。　　　　　　(num)

Zone——运行转角数据。　　　　　　　(zonedata)

Tool——工具中心点(TCP)。　　　　　(tooldata)

[\WObj]——工件坐标系。　　　　　　(wobjdata)

Proc——例行程序名称。　　　　　　　(string)

作用:

机器人以最快捷的方式运动至目标点,并且在目标点调用相应例行程序,在指令 MoveJ 基础上增加例行程序调用功能。

应用举例:

MoveJSync p2,v1000,z30,tool2,"my_routine";

在上述这条指令执行过程中,如果下一个目标点是 p3,则例行程序 my_routine 在运行轨迹转向 p3 的过程中,在转弯区域内靠近点 p2 处开始执行,如图 4-6 所示。

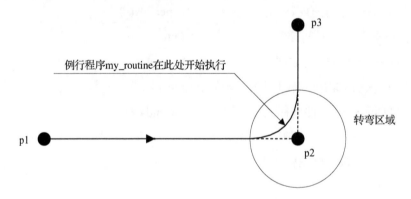

图 4-6　MoveJSync 指令执行过程示意图

注意事项:

(1) 若用指令 Stop 停止当前指令运行,会出现一个错误信息。如需避免,可采用指令

StopInstr。

（2）不能使用指令 MoveJSync 来调用中断处理程序（TRAP）。

（3）不能单步执行指令 MoveJSync 所调用的例行程序（PROC）。

8. MoveLSync

格式：

  MoveLSync ToPoint,Speed [\T],Zone,Tool [\WObj],Proc;

参数：

  ToPoint——目标点,默认名称为 *。 (robtarget)

  Speed——运行速度数据。 (speeddata)

  [\T]——运行时间控制(s)。 (num)

  Zone——运行转角数据。 (zonedata)

  Tool——工具中心点(TCP)。 (tooldata)

  [\WObj]——工件坐标系。 (wobjdata)

  Proc——例行程序名称。 (string)

作用：

机器人以线性运动的方式运动至目标点,并且在目标点调用相应例行程序,在指令 MoveL 基础上增加例行程序调用功能。

应用举例：

  MoveLSync p2,v1000,z30,tool2,"my_routine";

注意事项：

（1）若用指令 Stop 停止当前指令运行,会出现一个错误信息。如需避免,可采用指令 StopInstr。

（2）不能使用指令 MoveLSync 来调用中断处理程序（TRAP）。

（3）不能单步执行指令 MoveLSync 所调用的例行程序（PROC）。

（4）转弯区域内的动作特性与 MoveJSync 指令相似。

9. MoveCSync

格式：

  MoveCSync CirPoint,ToPoint,Speed [\T],Zone,Tool [\WObj],Proc;

参数：

  CirPoint——中间点,默认名称为 *。 (robtarget)

  ToPoint——目标点,默认名称为 *。 (robtarget)

  Speed——运行速度数据。 (speeddata)

[\T]——运行时间控制(s)。　　　　　(num)

Zone——运行转角数据。　　　　　　(zonedata)

Tool——工具中心点(TCP)。　　　　　(tooldata)

[\WObj]——工件坐标系。　　　　　　(wobjdata)

Proc——例行程序名称。　　　　　　　(string)

作用：

机器人通过中间点以圆弧移动方式运动至目标点，并且在目标点调用相应例行程序，在指令 MoveC 基础上增加例行程序调用功能。

应用举例：

  MoveCSync p2,p3,v1000,z30,tool2,"my_routine";

注意事项：

(1) 若用指令 Stop 停止当前指令运行，会出现一个错误信息。如需避免,可采用指令 StopInstr。

(2) 不能使用指令 MoveCSync 来调用中断处理程序(TRAP)。

(3) 不能单步执行指令 MoveCSync 所调用的例行程序(PROC)。

(4) 转弯区域内的动作特性与 MoveJSync 指令相似。

10. MoveAbsJ

格式：

  MoveAbsJ [\Conc,] ToJointPos [\NoEOffs], Speed [\V] | [\T], Zone [\Z] [\Inpos], Tool[\WObj];

参数：

[\Conc]——协作运动开关。　　　　　(switch)

ToJointPos——目标点。　　　　　　　(jointtarget)

[\NoEOffs]——外轴偏差开关。　　　　(switch)

Speed——运行速度数据。　　　　　　(speeddata)

[\V]——特殊运行速度。　　　　　　　(num)

[\T]——运行时间控制。　　　　　　　(num)

Zone——运行转角数据。　　　　　　(zonedata)

[\Z]——特殊运行转角数据(mm)。　　(num)

[\Inpos]——运行停止点数据。　　　　(stoppointdata)

Tool——工具中心点(TCP)。　　　　　(tooldata)

[\WObj]——工件坐标系。　　　　　　(wobjdata)

作用：

机器人以单轴运行的方式运动至目标点，绝对不存在死点，运动状态完全不可控，避免在正常生产中使用此指令。该指令常用于检查机器人的零点位置，指令中 TCP 与 WObj 只与运行速度有关，与运动位置无关。

应用举例：

MoveAbsJ p1,v2000,fine,tool1;

MoveAbsJ\Conc,p1\NoEOffs,v2000,fine,tool1;

MoveAbsJ p1,v2000\V:=2200,z40\Z:=45,tool1;

MoveAbsJ p1,v2000,z40,tool1\WObj:=wobj1;

MoveAbsJ p1,v2000,fine\Inpos:=inpos50,tool1;

4.3.4 运动控制指令

1. AccSet

格式：

AccSet Acc,Ramp;

参数：

Acc——机器人加速度百分率。 （num）

Ramp——机器人加速度坡度。 （num）

作用：

当机器人运行速度改变时，该指令对所产生的相应加速度进行限制，使机器人高速运行时更平缓，系统默认设置为"AccSet 100,100;"。

应用举例：

AccSet 100,100;

AccSet 30,100;

AccSet 100,30;

注意事项：

（1）机器人加速度百分率值最小为 20，小于 20 时以 20 计。机器人加速度坡度值最小为 10，小于 10 时以 10 计。

（2）机器人冷启动、新程序载入或程序重置后，系统自动恢复为默认值。

2. VelSet

格式：

VelSet Override, Max;

参数:

Override——机器人运行速率(%)。　　(num)

Max——最大运行速度(mm/s)。　　(num)

作用:

该指令用于对机器人运行速度进行限制。机器人运动指令中均带有运行速度,在执行运动速度控制指令 VelSet 后,实际运行速度为运动指令规定的运行速度乘以机器人运行速率,并且不超过机器人最大运行速度,系统默认设置为"VelSet 100,5000;"。

应用举例:

VelSet 50,800;

VelSet 80,1000;

注意事项:

(1) 机器人冷启动、新程序载入或程序重置后,系统自动恢复为默认值。

(2) 机器人运动使用参变量 [\T] 时,最大运行速度将不起作用。

(3) Override 对速度数据(speeddata)内所有项都起作用,如 TCP、方位及外轴。

(4) Max 只对速度数据(speeddata)内 TCP 这一项起作用。

3. ConfJ

格式:

ConfJ [\On]|[\Off];

参数:

[\On]——启用轴配置选项。　　(switch)

[\Off]——关闭轴配置选项。　　(switch)

作用:

启用轴配置时,该指令用于对机器人运行姿态进行限制与调整。目的在于:在机器人以关节运动(MoveJ)方式运行时,使机器人运行姿态得到控制。系统默认设置为"ConfJ\On;"。

应用举例:

ConfJ\On;

……

ConfJ\Off;

注意事项:

机器人冷启动、新程序载入或程序重置后,系统自动恢复为默认值。

4. ConfL

格式：

  ConfL [\On]|[\Off];

参数：

  [\On]——启用轴配置选项。   (switch)

  [\Off]——关闭轴配置选项。   (switch)

作用：

启用轴配置时，该指令用于对机器人运行姿态进行限制与调整。目的在于：在机器人以直线运动(MoveL)方式运行时，使机器人运行姿态得到控制。系统默认设置为"ConfL\On;"。

应用举例：

  ConfL\On;

  ……

  ConfL\Off;

注意事项：

机器人冷启动、新程序载入或程序重置后，系统自动恢复为默认值。

5. SingArea

格式：

  SingArea [\Wrist]|[\Off];

参数：

  [\Wrist]——启用位置方位调整。   (switch)

  [\Off]——关闭位置方位调整。   (switch)

作用：

该指令通过对机器人位置点姿态进行些许改变，避免机器人运行时进入机械卡死状态。但同时机器人运行路径会受影响，姿态得不到控制。该指令通常用于复杂姿态点，不能用于工作点。系统默认设置为"SingArea\Off;"。

应用举例：

  SingArea\Wrist;

  ……

  SingArea\Off;

注意事项：

机器人冷启动、新程序载入或程序重置后，系统自动恢复为默认值。

6. PathResol

格式：

PathResol PathSampleTime；

参数：

PathSampleTime——路径控制比率(%)。　　(num)

作用：

该指令用于更改机器人主机系统参数，调整机器人路径采样时间，提高机器人运动精度或缩短循环时间，从而达到控制机器人运行路径的效果。路径控制默认值为100%，调整范围为25%~400%。路径控制百分比越小，运动精度越高，占用CPU资源也越多。

机器人在临界运动状态(重载、高速、路径变化复杂的情况下接近最大工作区域)时，增加路径控制值，可以避免频繁死机。机器人进行小圆周或小范围复杂运动时，路径需要高精度，此时应减小路径控制值。

应用举例：

MoveJ p1，v1000，fine，tool1；

PathResol 150；

注意事项：

（1）机器人必须在完全停止后才能更改路径控制值，否则，机器人将默认一个停止点，并且显示错误信息。

（2）机器人正在更改路径控制值时，被强制停止运行，将不能立刻恢复正常运行（Restart）。

（3）机器人冷启动、新程序载入或程序重置后，系统将自动恢复默认值100%。

7. SoftAct

格式：

SoftAct [\MechUnit,] Axis, Softness [\Ramp]；

参数：

[\MechUnit]——软化外轴名称。　　(mecunit)

Axis——软化转轴编号。　　(num)

Softness——软化值(%)。　　(num)

[\Ramp]——软化坡度(%)。　　(num)

作用：

该指令用于软化机器人主机或外轴伺服系统，软化值的范围为0%~100%，软化坡度≥100%。此指令必须与指令SoftDeact同时使用，通常不使用于工作位置。

应用举例：

  SoftAct 3,20；

  SoftAct 1,90\Ramp：=150；

  SoftAct \MechUnit：=orbit1,1,40\Ramp：=120；

注意事项：

（1）机器人被强制停止运行后，软伺服设置将自动失效。

（2）同一转轴软化操作不允许被连续设置两次。可在两次软化操作中插入运动指令，如下列代码所示：

  ……

  SoftAct 3,20；

  MoveJ *,v100,fine,tool1；

  SoftAct 3,30；

  ……

8. SoftDeact

格式：

  SoftDeact [\Ramp]；

参数：

  [\Ramp]——软化坡度(≥100%)。 （num）

作用：

该指令用于使软化机器人主机或外轴伺服系统指令 SoftAct 失效。

应用举例：

  SoftAct 3,20；

  SoftDeact；

  SoftAct 1,90；

  SoftDeact\Ramp：=150；

4.3.5 输入输出指令

1. AliasIO

格式：

  AliasIO FromSignal, ToSignal；

参数：

FromSignal——机器人系统参数内所定义的信号名称。　（signalxx or string）

　　ToSignal——机器人程序内所使用的信号名称。　　（signalxx）

作用：

该指令用于对机器人系统参数内定义的信号赋予别名，供机器人程序使用。该指令在示教器上无法输入，只能通过离线编程软件输入。

2. InvertDO

格式：

　　InvertDO Signal;

参数：

　　Signal——输出信号名称。　　（signaldo）

作用：

该指令将机器人数字输出信号值反转：若为0，则转为1；若为1，则转为0。

应用举例：

　　InvertDO do15;

3. IODisable

格式：

　　IODisable UnitName, MaxTime;

参数：

　　UnitName——输入输出板名称。　（string）

　　MaxTime——最长等待时间。　　（num）

作用：

该指令可以使机器人输入输出板在程序运行时自动失效。系统将一块输入输出板失效需要2~5 s。如果失效时间超过最长等待时间，系统将执行出错处理程序，错误代码为ERR_IODISABLE。

4. IOEnable

格式：

　　IOEnable UnitName, MaxTime;

参数：

　　UnitName——输入输出板名称。　（string）

　　MaxTime——最长等待时间。　　（num）

作用：

该指令可以使机器人输入输出板在程序运行时自动激活。系统将一块输入输出板激活需要 2~5 s。如果激活时间超过最长等待时间,系统将执行出错处理程序,错误代码为 ERR_IOENABLE。

5. PulseDO

格式:

  PulseDO [\High][\PLength] Signal;

参数:

  [\High]——输出脉冲时,输出信号可以处在高电平。 (switch)

  [\PLength]——脉冲长度,取值范围为 0.1~32 s,默认值为 0.2 s。(num)

  Signal——输出信号名称。 (signaldo)

作用:

该指令可以使机器人输出数字脉冲信号,一般用作输送链完成信号或计数信号。

注意事项:

当机器人脉冲输出长度小于 0.01 s 时,系统将报错。

6. Reset

格式:

  Reset Signal;

参数:

  Signal——输出信号名称。 (signaldo)

作用:

该指令将机器人相应数字输出信号值置为 0,与指令 Set 对应,是系统实现逻辑控制的重要手段。

应用举例:

  Reset do12;

7. Set

格式:

  Set Signal;

参数:

  Signal——机器人输出信号名称。 (signaldo)

作用:

将机器人相应数字输出信号值置为 1,与指令 Reset 对应,是系统实现逻辑控制的重要手段。

应用举例:

  Set do12;

8. SetAO

格式：

　　SetAO Signal, Value;

参数：

　　Signal——模拟量输出信号名称。　（signalao）

　　Value——模拟量输出信号值。　（num）

作用：

该指令用于设置机器人模拟输出信号的相应数值。例如，在机器人焊接应用中，该指令能够通过模拟输出信号控制焊接电压与焊丝输送速度。

应用举例：

　　SetAO ao2,5.5;

　　SetAO weldcurr,curr_outp;

9. SetDO

格式：

　　SetDO [\SDelay] Signal, Value;

参数：

　　[\SDelay]——延时输出时间(s)。　（num）

　　Signal——输出信号名称。　（signaldo）

　　Value——输出信号值。　（dionum）

作用：

该指令用于设置机器人数字输出信号的相应值，并且可以设置延时，延时范围为 0.1~32 s，默认状态为没有延时。

应用举例：

　　SetDO\SDelay:=0.2,weld,high;

10. SetGO

格式：

　　SetGO [\SDelay] Signal, Value;

参数：

　　[\SDelay]——延时输出时间(s)。　（num）

　　Signal——输出信号名称。　（signaldo）

　　Value——输出信号值。　（dionum）

作用：

该指令用于设置机器人组合输出信号的相应值（采用 8421 码），可以设置延时输出，延时范围为 0.1~32 s，默认状态为没有延时。

应用举例：

　　SetGO\SDelay: =0.2,go_Type,10;

11. WaitDI

格式：

　　WaitDI Signal, Value [\MaxTime][\TimeFlag];

参数：

　　Signal——输入信号名称。　　　　（signaldi）

　　Value——输入信号值。　　　　　（dionum）

　　[\MaxTime]——最长等待时间(s)。　（num）

　　[\TimeFlag]——超时逻辑量。　　　（bool）

作用：

该指令用于等待数字输入信号满足相应值，达到通信目的。例如：机器人等待工件到位信号。

应用举例：

　　PROC PickPart()

　　　　MoveJ pPick,v200,fine,tool1;

　　　　WaitDI di_Ready,1;

　　　　　！机器人等待输入信号，直到信号 di_Ready 值为 1，才执行随后的指令。

　　　　……

　　ENDPROC

12. WaitDO

格式：

　　WaitDO Signal, Value [\MaxTime][\TimeFlag];

参数：

　　Signal——输入信号名称。　　　　（signaldi）

　　Value——输入信号值。　　　　　（dionum）

　　[\MaxTime]——最长等待时间(s)。　（num）

　　[\TimeFlag]——超时逻辑量。　　　（bool）

作用：

该指令用于等待数字输出信号满足相应值，达到通信目的。因为输出信号一般情况下受程序控制,此指令很少使用。

应用举例:

  PROC Grip( )

   Set do03_Grip;

  WaitDO do03_Grip,1;

    !机器人等待输出信号,直到信号 do03_Grip 值为 1,才执行后面相应的指令。

  ……

  ENDPROC

4.3.6 例行程序调用和返回指令

1. ProcCall

格式:

  Procedure {Argument};

参数:

  Procedure——例行程序名称。 (Identifier)

  Argument——例行程序参数。 (All)

作用:

通过该指令中相应数据,机器人调用相应的例行程序。若带有参数,则在调用的同时向例行程序中的相应参数赋值。

应用举例:

  Weldpipe1;

  Weldpipe2 10,lowspeed;

  Weldpipe3 10\speed:=20;

注意事项:

(1)机器人调用带参数的例行程序时,必须包含所有强制性参数。

(2)例行程序所有参数位置次序必须与例行程序设置一致。

(3)例行程序所有参数数据类型必须与例行程序设置一致。

(4)例行程序所有参数数据性质必须为 Input、Variable 或 Persistent。

2. CallByVar

格式:

  CallByVar Name, Number;

参数：

　　Name——例行程序名称第一部分。（string）

　　Number——例行程序名称第二部分。（num）

作用：

通过指令中相应数据，机器人调用相应的例行程序，但无法调用带有参数的例行程序。

应用举例：

　　reg1：=1；

　　CallByVar "proc"，reg1；　　！调用例行程序proc1。

注意事项：

（1）不能调用带参数的例行程序。

（2）所有被调用的例行程序名称第一部分必须相同，如proc1、proc2、proc3。

（3）使用CallByVar指令调用例行程序比直接采用ProcCall调用例行程序需要更长时间。

3. RETURN

格式：

　　RETURN［Return value］；

参数：

　　［Return value］——返回值。　　（所有数据类型）

作用：

该指令用于例行程序的返回操作。通常情况下，在不使用参变量时，机器人运行至此指令时，无论是主程序main、标准例行程序PROC、中断例行程序TRAP、故障处理程序Error handler都代表当前例行程序的结束。该指令如果使用参变量，只能用于机器人函数例行程序内，经过运行返回相应的值。

应用举例：

（1）PROC rPick()

　　　　……

　　　　RETURN；

　　　　……

　　　　ENDPROC

（2）FUNC num abs_value(num value)

　　　　IF value<0 THEN

    RETURN -value;
  ELSE
    RETURN value;
  ENDIF
 ENDFUNC

4.3.7 程序流程指令

1. IF

格式：

 IF Condition THEN ……
 {ELSEIF Condition THEN ……}
 [ELSE ……]
 ENDIF

参数：

 Condition——判断条件。   （bool）

作用：

该指令通过判断相应条件，控制机器人执行相应的指令。它是机器人程序实现流程控制的基本指令。

应用举例：

（1）IF reg1 > 5 THEN
  Set do1;
  Set do2;
 ENDIF

（2）IF reg1 > 5 THEN
  Set do1;
  Set do2;
 ELSE
  Reset do1;
  Reset do2
 ENDIF

（3）IF reg2 = 1 THEN

```
        routine1;
    ELSEIF reg2 = 2 THEN
        routine2;
    ELSEIF reg2 = 3 THEN
        routine3;
    ELSEIF reg2 = 4 THEN
        routine4;
    ELSE
        Error;
    ENDIF
```

2. TEST

格式:

```
    TEST Test_data
    {CASE Test_value {,Test_value}: ……}
    [DEFAULT: ……]
    ENDTEST
```

参数:

Test_data——判断数据变量。　　　（所有数据类型）

Test_value——判断数据值。　　　（与 Test_data 相同）

作用:

该指令通过判断相应数据变量与其所对应的值是否一致,控制执行相应的指令。

应用举例:

```
    TEST reg2
    CASE 1:
        routine1;
    CASE 2:
        routine2;
    CASE 3:
        routine3;
    CASE 4,5:
        routine4;
    DEFAULT:
```

    Error;

   ENDTEST

上面这段程序等价于如下程序：

  IF reg2 = 1 THEN

   routine1;

  ELSEIF reg2 = 2 THEN

   routine2;

  ELSEIF reg2 = 3 THEN

   routine3;

  ELSEIF reg2 = 4 OR reg2 = 5 THEN

   routine4;

  ELSE

   Error;

  ENDIF

3. GOTO

格式：

  GOTO Label;

参数：

  Label——程序执行位置标签。 （标识符）

作用：

该指令必须与指令 Label 同时使用，执行当前指令后，机器人将从相应标签位置 Label 处继续运行程序指令。

应用举例：

（1）IF reg1 > 100 GOTO highvalue;

  lowvalue：

  ……

  GOTO ready;

  highvalue：

  ……

  ready：

  ……

（2）reg1 : = 1;

next：

reg1： = reg1 + 1；

IF reg1 < = 5 GOTO next；

注意事项：

（1）只能使用当前指令跳跃至同一例行程序内相应的位置标签 Label。

（2）如果相应位置标签 Label 处于指令 TEST 或 IF 内，相应指令 GOTO 必须同处于相同的判断指令内或其分支内。

（3）如果相应位置标签 Label 处于指令 WHILE 或 FOR 内，相应指令 GOTO 必须同处于相同的循环指令内。

4. Label

格式：

Label：

参数：

Label——程序执行位置标签。　　（标识符）

作用：

该指令必须与指令 GOTO 同时使用。执行指令 GOTO 后，机器人将从相应标签位置 Label 处继续运行程序指令。

应用举例：

IF reg1 >100 GOTO highvalue；

lowvalue：

……

GOTO ready；

highvalue：

……

ready：

……

注意事项：

在同一例行程序内，程序位置标签 Label 的名称必须唯一。

5. WHILE

格式：

WHILE Condition DO

……

ENDWHILE

参数：

Condition——判断条件。　　　（bool）

作用：

该指令通过判断相应条件是否满足,控制程序的执行。若条件满足,则执行循环内指令,直至判断条件不满足才跳出循环,继续执行循环以后的指令。

应用举例：

(1) WHILE reg1 < reg2 DO

　　……

　　reg1: = reg1 +1；

ENDWHILE

(2) PROC main( )

　　rInitial；

　　WHILE TRUE DO

　　　……

　　ENDWHILE

ENDPROC

注意事项：

该指令可能存在死循环。

6. FOR

格式：

FOR Loop_counter FROM Start_value TO End_value [STEP Step_value] DO

　　……

ENDFOR

参数：

Loop_counter——循环计数标识。（标识符）

Start_value——标识初始值。　（num）

End_value——标识最终值。　（num）

[Step_value]——计数更改值 。（num）

作用：

该指令通过循环判断标识从初始值逐渐更改至最终值,从而控制程序执行相应的循环次数。如果不使用参变量 [STEP],循环标识每次更改值为 1；如果使用参变量

[STEP],循环标识每次更改值为参变量的相应设置。通常情况下,初始值、最终值与更改值为整数,循环判断标识使用 i、j、k 等小写字母。该指令常在通信口读写、数组数据赋值等数据处理时使用。

应用举例:

(1) FOR i FROM 1 TO 10 DO

    routine1;

ENDFOR

(2) FOR i FROM 10 TO 2 STEP -1 DO

    a{i}: = a{i-1};

ENDFOR

(3) PROC ResetCount( )

    FOR i FROM 1 TO 20 DO

      FOR j FROM 1 TO 2 DO

        nCount{i,j}: = 0;

      ENDFOR

    ENDFOR

ENDPROC

注意事项:

(1) 循环标识只能自动更改,不允许赋值。

(2) 在程序循环内,循环标识可以作为数值数据(num)使用,但只能读取相应值,不允许赋值。

(3) 如果循环标识、初始值、最终值与更改值使用小数形式,必须为精确值。

7. WaitUntil

格式:

    WaitUntil [\InPos,] Cond [\MaxTime][\TimeFlag];

参数:

    [\InPos]——提前量开关。   (switch)

    Cond——判断条件。   (bool)

    [\MaxTime]——最长等待时间(s)。   (num)

    [\TimeFlag]——超时逻辑量。   (bool)

作用:

该指令用于等待满足相应判断条件后,才执行后续指令。该指令比指令 WaitDI 的功能更广,可以替代其所有功能。

注意事项:

使用参变量[\InPos]时,机器人及其外轴必须在完全停止的情况下,才能进行条件判断。

应用举例:

  PROC PickPart( )
    MoveJ pPick,v200,fine,tool1;
    WaitUntil di_Ready = 1;
    ……

在上述程序中,机器人等待输入信号,直到信号 di_Ready 值为 1 时,才执行随后的指令。在此处它等价于如下指令:

  WaitDI di_Ready,1;

8. WaitTime

格式:

  WaitTime [\InPos,] Time;

参数:

  [\InPos]——程序运行提前量开关。（switch）

  Time——相应等待时间(s)。（num）

作用:

该指令用于使机器人在等待相应时间后,才执行随后的指令。使用参变量[\InPos],机器人及其外轴必须在完全停止的情况下才进行等待时间计时。此指令会延长循环工作时间。

应用举例:

  WaitTime 3;

  WaitTime\InPos,0.5;

  WaitTime\InPos,0;

注意事项:

（1）该指令在使用参变量[\InPos]时,遇到程序突然停止运行,机器人不能保证其停在最终停止点等待计时。

（2）该指令参变量[\InPos]不能与机器人指令 SoftServo 同时使用。

9. Compact IF

格式:

IF Condition ……

参数：

Condition——判断条件。　　　　　（bool）

作用：

该指令是指令 IF 的一种简化形式，判断条件后只允许接一条指令，如果有多条指令需要执行，则必须采用指令 IF。

应用举例：

IF reg1 > 5 GOTO next；

IF counter > 10 Set do1；

4.3.8　程序运行停止指令

1. Break

格式：

Break；

作用：

该指令使机器人在当前指令行立刻停止运行，程序运行指针停留在下一行指令，可以用【Start】键继续运行机器人。

应用举例：

……

Break；

……

2. Exit

格式：

Exit；

作用：

机器人在当前指令行停止运行，并且程序重置，程序运行指针停留在主程序第一行。

应用举例：

……

Exit；

……

3. Stop

格式：

Stop [\NoRegain];

参数：

[\NoRegain]——路径恢复参数。（switch）

作用：

该指令用于使机器人在当前指令行停止运行,程序运行指针停留在下一行指令,可以用【Start】键继续运行机器人,属于临时性停止。如果机器人在停止期间被手动移动后,再直接启动机器人,那么机器人将警告确认路径。如果此时采用参变量[\NoRegain],机器人将直接运行。

应用举例：

……

Stop；

……

4.3.9 外轴激活指令

1. ActUnit

格式：

ActUnit MecUnit；

参数：

MecUnit——外轴名。 （mecunit）

作用：

该指令用于将机器人的一个外轴激活。当多个外轴共用一个驱动板时,通过外轴激活指令 ActUnit 选择当前所使用的外轴。

应用举例：

MoveL p10,v100,fine,tool1； !机器人工具向 p10 移动,外轴不动。

ActUnit track_motion；

MoveL p20,v100,z10,tool1； !机器人工具向 p20 移动,外轴 track_motion 联动。

DeactUnit track_motion；

ActUnit orbit_a；

MoveL p30,v100,z10,tool1； !机器人工具向 p30 移动,外轴 orbit_a 联动。

2. DeactUnit

格式：

DeactUnit MecUnit;

参数：

MecUnit——外轴名。　　　（mecunit）

作用：

该指令用于使机器人一个外轴失效。当多个外轴共用一个驱动板时，通过外轴激活指令 DeactUnit 使当前所使用的外轴失效。

应用举例：

参见指令 ActUnit 的应用举例。

4.3.10　计时指令

1. ClkReset

格式：

ClkReset Clock;

参数：

Clock——时钟名称。　　　（clock）

作用：

该指令用于将机器人相应时钟复位，常用于记录循环时间或机器人跟踪输送链。

应用举例：

ClkReset clock1;

ClkStart clock1;

RunCycle;

ClkStop clock1;

nCycleTime: = ClkRead(clock1);

TPWrite "Last Cycle Time:" \Num: = nCycleTime;

2. ClkStart

格式：

ClkStart Clock;

参数：

Clock——时钟名称。　　　（clock）

作用：

该指令用于启动机器人相应时钟，常用于记录循环时间或机器人跟踪输送链。机器人时钟启动后,时钟不会因为机器人停止运行或关机而停止计时。

应用举例:

参见指令 ClkReset 的应用举例。

注意事项:

机器人时钟计时超过 4 294 967 秒,即 49 天 17 小时 2 分 47 秒,机器人将报错。错误代码为 ERR_OVERFLOW。

3. ClkStop

格式:

ClkStop Clock;

参数:

Clock——时钟名称。　　　(clock)

作用:

该指令用于停止机器人相应时钟,常用于记录循环时间或机器人跟踪输送链。

应用举例:

参见指令 ClkReset 的应用举例。

4.3.11　人机通信指令

1. TPErase

格式:

TPErase;

作用:

该指令为清屏指令,用于将机器人示教器屏幕上所有显示的内容清除,是机器人屏幕显示操作的重要指令。

应用举例:

TPErase;

TPWrite "　　　ABB Robotics　　　";

TPWrite "＿＿＿＿＿＿＿＿＿＿";

2. TPWrite

格式:

TPWrite String [\Num]|[\Bool]|[\Pos]|[\Orient];

参数:

String——屏幕显示的字符串。　　　（string）

[\Num]——屏幕显示数值型数据。　　（num）

[\Bool]——屏幕显示逻辑量数据。　　（bool）

[\Pos]——显示位置值(X Y Z)。　　　（pos）

[\Orient]——显示方位(q1 q2 q3 q4)。（orient）

作用：

该指令用于在示教器屏幕上显示相应字符串,字符串最长为 80 个字节,屏幕每行可显示 40 个字节。在字符串后可显示相应参变量。

应用举例：

　　TPWrite string1；

　　TPWrite "Cycle Time = " \Num：= nTime；

注意事项：

（1）每个 TPWrite 指令每次只允许使用一个参数,不允许同时使用多个参数。

（2）参变量值 < 0.000 005 或参变量值 > 0.999 995 时将圆整。

4.3.12　坐标转换指令

1. PDispOn

格式：

　　PDispOn [\Rot][\ExeP,] ProgPoint, Tool [\WObj]；

参数：

　　[\Rot]——坐标旋转开关。　　　（switch）

　　[\ExeP]——运行起始点。　　　（robtarget）

　　ProgPoint——坐标原始点。　　（robtarget）

　　Tool——工具坐标系。　　　　（tooldata）

　　[\WObj]——工件坐标系。　　 （wobjdata）

作用：

该指令可以使机器人坐标通过编程进行即时转换,通常用于机器人工具轨迹保持不变的场合,可以快捷地完成工作位置修正。

应用举例：

（1）MoveL p10,v500,z10,tool1；

　　PDispOn\ExeP：= p10,p20,tool1；

(2) MoveL p10,v500,fine\Inpos:= inpos50,tool1;
　　PDispOn\Rot\ExeP:= p10,p20,tool1;

注意事项:

(1) 在使用当前指令后,机器人坐标将被转换,直到使用指令 PDispOff 后才失效。

(2) 在机器人系统冷启动、载入新机器人程序或程序重置情况下,机器人坐标转换功能将自动失效。

2. PDispOff

格式:

　　PDispOff;

作用:

该指令用于使机器人通过编程达到的坐标转换功能失效,必须与指令 PDispOn 或指令 PDispSet 同时使用。

应用举例:

　　MoveL p10,v500,z10,tool1;　　!坐标转换失效。
　　PDispOn\ExeP:= p10,p11,tool1;
　　MoveL p20,v500,z10,tool1;　　!坐标转换生效。
　　MoveL p30,v500,z10,tool1;
　　PDispOff;
　　MoveL p40,v500,z10,tool1;　　!坐标转换失效。

3. PDispSet

格式:

　　PDispSet DispFrame;

参数:

　　DispFrame——坐标偏差量。　　(pose)

作用:

该指令通过输入坐标偏差量,使机器人坐标通过编程进行即时转换,在机器人工具轨迹保持不变的场合,可以快捷地完成工作位置修正。

应用举例:

　　VAR pose xp100:=[[100,0,0],[1,0,0,0]];
　　MoveL p10,v500,z10,tool1;　　!坐标转换失效。
　　PDispSet xp100;
　　MoveL p20,v500,z10,tool1;　　!坐标转换生效。

  PDispOff;

  MoveL p30,v500,z10,tool1; !坐标转换失效。

注意事项：

（1）在使用该指令后，机器人坐标将被转换，直到使用指令 PDispOff 后才失效。

（2）在机器人系统冷启动、载入新机器人程序或程序重置情况下，机器人坐标转换功能将自动失效。

4. EOffsOn

格式：

  EOffsOn [\ExeP] ProgPoint;

参数：

  [\ExeP]——运行起始点。 （robtarget）

  ProgPoint——坐标原始点。 （robtarget）

作用：

该指令用于对机器人外轴位置进行即时更改，通常用于带导轨的机器人。

应用举例：

  MoveL p10,v500,z10,tool1; !外轴位置更改失效。

  EOffsOn\ExeP：= p10,p11;

  MoveL p20,v500,z10,tool1; !外轴位置更改生效。

  MoveL p30,v500,z10,tool1;

  EOffsOff;

  MoveL p40,v500,z10,tool1; !外轴位置更改失效。

注意事项：

（1）在使用当前指令后，机器人外轴位置将被更改，直到使用指令 EOffsOff 后才失效。

（2）在机器人系统冷启动、载入新机器人程序或程序重置情况下，机器人外轴位置转换功能将自动失效。

5. EOffsOff

格式：

  EOffsOff;

作用：

该指令用于使机器人外轴位置更改功能失效，必须与指令 EOffsOn 或指令 EOffsSet 同时使用。

应用举例：

参见指令 EOffsOn 的应用举例。

6. EOffsSet

格式：

EOffsSet EAxOffs；

参数：

EAxOffs——外轴位置偏差量。（extjoint）

作用：

该指令通过输入外轴位置偏差量，对机器人外轴位置进行即时更改。对于导轨类外轴，偏差值单位为 mm；对于转轴类外轴，偏差值单位为度。

应用举例：

VAR extjoint eax_a_p100 : = [100,0,0,0,0,0]；

MoveL p10,v500,z10,tool1；　　！外轴位置更改失效。

EOffsSet eax_a_p100；

MoveL p20,v500,z10,tool1；　　！外轴位置更改生效。

EOffsOff；

MoveL p30,v500,z10,tool1；　　！外轴位置更改失效。

注意事项：

（1）在使用该指令后，机器人外轴位置将被更改，直到使用指令 EOffsOff 后才失效。

（2）在机器人系统冷启动、载入新机器人程序或程序重置情况下，机器人坐标转换功能将自动失效。

4.3.13　中断运动指令

1. StopMove

格式：

StopMove；

作用：

该指令使机器人运动临时停止，直到运行指令 StartMove 后，才继续恢复被临时停止的运动。该指令通常被用于处理与机器人运动相关的中断程序。

应用举例：

StopMove；

WaitDI ready_input,1;

StartMove;

2. StartMove

格式:

StartMove;

作用:

该指令必须与指令 StopMove 联合使用,使机器人临时停止的运动恢复。该指令通常被用于处理与机器人运动相关的中断程序。

应用举例:

参见指令 StopMove 的应用举例。

3. StorePath

格式:

StorePath;

作用:

该指令用来记录机器人当前运动状态,通常与指令 RestoPath 联合使用。该指令通常被用于机器人故障处理程序以及与机器人运动有关的中断处理程序中。

注意事项:

(1) 该指令只能用来记录机器人运动路径。

(2) 机器人临时停止后,在执行新的运动前,可以使用该指令记录当前运动路径。

(3) 机器人系统只能记录一个运动路径。

应用举例:

TRAP go_to_home_pos　!中断处理程序 go_to_home_pos

StopMove;

StorePath;　!机器人临时停止运动后,记录运动路径,并等待恢复路径。

……

RestoPath;

StartMove;

ENDTRAP

4. RestoPath

格式:

RestoPath;

作用:

该指令用来恢复已经被记录的机器人运动状态,必须与指令 StorePath 联合使用。通常被用于机器人故障处理程序以及与机器人运动有关的中断处理程序。

注意事项:

(1) 该指令只能用来记录机器人运动路径。

(2) 机器人临时停止后,在执行新的运动前,可以使用该指令记录当前运动路径。

(3) 机器人系统只能记录一个运动路径。

应用举例:

参见指令 StorePath 的应用举例。

4.3.14 常用位置相关函数

函数在示教器的中文界面里被称为"功能"。

1. Offs

格式:

Offs(Point, XOffset, YOffset, ZOffset)

参数:

Point——有待移动的位置数据。　　　　　　(robtarget)

XOffset——工件坐标系中 X 轴方向的位移。(num)

YOffset——工件坐标系中 Y 轴方向的位移。(num)

ZOffset——工件坐标系中 Z 轴方向的位移。(num)

返回值:移动的位置数据。　　　　　　　　　(robtarget)

作用:

Offs 用于在一个机械臂位置的工件坐标系中添加一个偏移量。

应用举例:

(1) MoveL Offs(p2, 0, 0, 10), v1000, z50, tool1;

　　　　　　!将机械臂移动至距位置 p2(沿 Z 轴方向)10 mm 的一个点。

(2) p1 : = Offs (p1, 5, 10, 15);

　　　!机械臂位置 p1 沿 X 轴方向移动 5 mm,沿 Y 轴方向移动 10 mm,且沿 Z 轴方向移动 15 mm。

(3) PROC pallet(num row, num column, num distance, PERS tooldata tool, PERS wobjdata wobj)

　　　VAR robtarget palletpos: = [[0, 0, 0], [1, 0, 0, 0], [0, 0, 0, 0], [9E9,

$$9E9,9E9,9E9,9E9,9E9]];$$

$$palletpos:=Offs(palletpos,(row-1)*distance,(column-1)*distance,0);$$

MoveL palletpos, v100, fine, tool\WObj: = wobj;

ENDPROC

2. RelTool

格式：

RelTool (Point, Dx, Dy, Dz, [\Rx], [\Ry], [\Rz])

参数：

Point——输入机械臂位置。该位置的方位规定了工具坐标系的当前方位。（robtarget）

Dx——工具坐标系 X 轴方向的位移，以 mm 计。　　（num）

Dy——工具坐标系 Y 轴方向的位移，以 mm 计。　　（num）

Dz——工具坐标系 Z 轴方向的位移，以 mm 计。　　（num）

[\Rx]——围绕工具坐标系 Z 轴的旋转，以度计。　　（num）

[\Ry]——围绕工具坐标系 Y 轴的旋转，以度计。　　（num）

[\Rz]——围绕工具坐标系 Z 轴的旋转，以度计。　　（num）

返回值：增加一个位移和（或）一次旋转的新位置。　　（robtarget）

作用：

该指令用于将通过有效工具坐标系表达的位移和（或）旋转增加至机械臂位置。

注意事项：

如果同时指定两次或三次旋转，那么将首先围绕 X 轴旋转，随后围绕新的 Y 轴旋转，然后围绕新的 Z 轴旋转。

应用举例：

（1）MoveL RelTool (p1, 0, 0, 100), v100, fine, tool1;

该指令表示沿工具的 Z 轴方向，将机械臂移动至距 p1 为 100 mm 的位置。

（2）MoveL RelTool (p1, 0, 0, 0 \Rz: = 25), v100, fine, tool1;

该指令表示将工具围绕其 Z 轴旋转 25°。

思考题

1. 试列举 RAPID 语言的主要数据类型。

2. RAPID 语言中数据具有哪几种存储属性？每种存储属性的特点是什么？

3. MoveJ、MoveL、MoveC 三种移动指令的运行轨迹有什么区别？

4. 位置偏移函数 Offs 的输入参数有哪些？返回值的含义是什么？

5. 位置偏移函数 RelTool 的输入参数有哪些？返回值的含义是什么？

第5章 工业机器人的现场编程与轨迹规划

作为一种应用于工业自动化生产现场的智能装备,工业机器人的编程与调试过程一般在生产现场使用示教器完成。本章主要介绍工业机器人现场编程的主要步骤、轨迹规划与编程方法。

5.1 基本程序数据的建立与现场编程

在对工业机器人进行编程之前,有三个与编程密切相关的基本数据需要建立。这三个数据分别是:工具数据、工件坐标数据、有效载荷数据。如果这三个数据未有效建立,则不便于对机器人进行编程,甚至影响对机器人的正常使用。当上述基本程序数据建立完成后,即可利用示教器进行现场编程:一方面,利用示教器的程序编辑功能编写程序代码;另一方面,通过对机器人的手动操作,将机器人工具移动到目标点位置,以期望的工具位姿进行示教。

5.1.1 工具数据的建立

工具数据包括工具的物理属性和工具坐标系相关数据,前者包括工具的质量和质心位置,后者包括 TCP 位置和坐标轴方向。这些数据的建立方法一般有两种:直接设定法和测定法。下面对这两种方法分别举例说明。

1. 直接设定法

对于吸盘或夹钳等类型的工具,其坐标系一般可由机器人自带的基本工具坐标系 tool0 以平移的方式得到。此时,工具数据均可在示教器上直接进行设定。

图 5-1 所示的工业机器人带有吸盘工具。已知吸盘的质量为 0.5 kg,质心在坐标系 $O_0X_0Y_0Z_0$(即 tool0)中的坐标为(0,0,50)(mm)。TCP 在坐标系 tool0 中的坐标为(0,0,100)(mm)。工具坐标系 $O_1X_1Y_1Z_1$(设为 tool1)可由 tool0 沿 Z_0 轴正方向平移 100 mm 得到。此时可按如下步骤对工具数据进行设定。

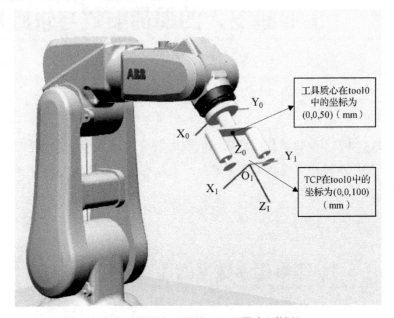

图 5-1 带吸盘工具的工业机器人(举例)

(1) 在示教器主菜单中单击"手动操纵",如图 5-2 所示。

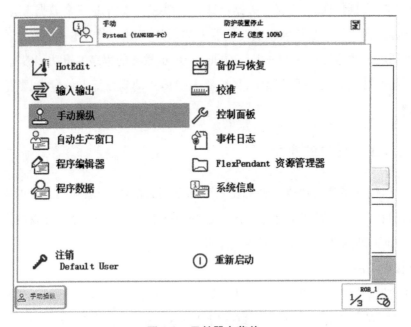

图 5-2 示教器主菜单

（2）在"手动操纵"页面中单击"工具坐标"，如图5-3所示。

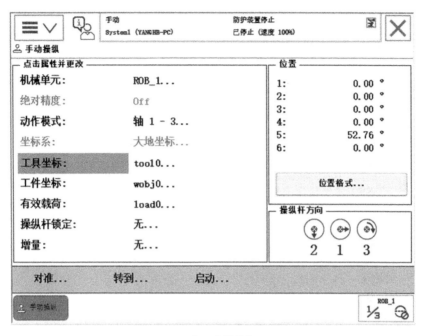

图5-3 "手动操纵"页面

（3）在"手动操纵-工具"页面左下角单击"新建…"，如图5-4所示。

图5-4 "手动操纵-工具"页面

（4）设置数据属性后，在左下角单击"初始值"，如图5-5所示。

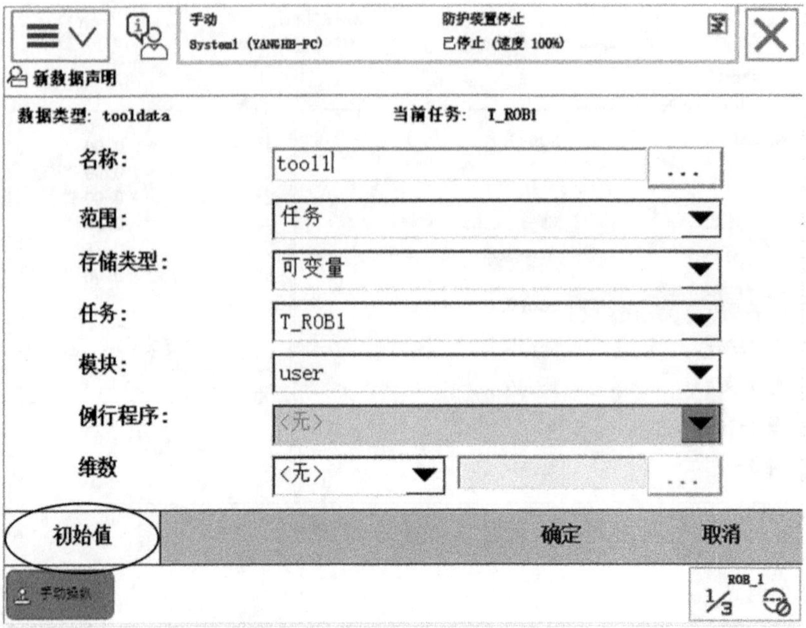

图5-5 "新数据声明"页面

（5）设定Z轴偏移量为100 mm，并单击"确定"，如图5-6所示。

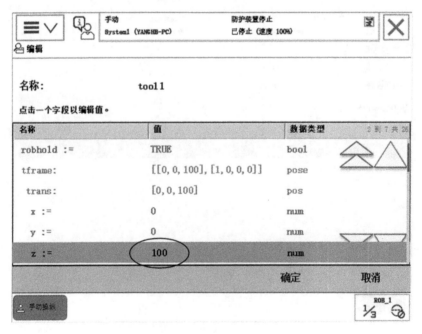

图5-6 Z轴偏移量设置

(6)向下翻页,设定工具质量和质心在 Z 轴上的偏移量,如图 5-7 所示。

在图 5-7 中单击"确定",即完成吸盘的工具数据设定。

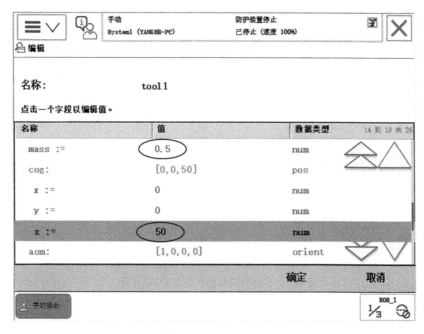

图 5-7　工具质量和质心在 Z 轴上偏移量的设定

2. 测定法

对于某些枪形工具(如焊枪等),其坐标系不能仅仅由 tool0 以平移的方式得到,而是以"平移+旋转"的复合方式得到。此时,工具坐标系的相关数据可以采用测定法确定。工具质量和质心位置数据则仍然可以采用直接设定法设定。

用于枪形工具坐标系建立的测定法可分为 4 点法、5 点法和 6 点法三种。它们的区别在于:相对于 tool0,4 点法不改变各个坐标轴的方向,5 点法改变 Z 轴的方向,6 点法改变 X 轴和 Z 轴的方向。下面举例说明采用 6 点法建立枪形工具坐标系的过程。

图 5-8 所示为带枪形工具的工业机器人,$O_1X_1Y_1Z_1$ 为待建立的工具坐标系(tool1)。选择一个固定物体的尖点作为 tool1 建立过程中的参考点。以下为 tool1 建立的各个步骤:

(1)首先设定工具属性数据,然后单击"确定",如图 5-9 所示。

(2)在"手动操纵-工具"页面选定 tool1 后,单击"编辑"菜单中的"定义…",如图 5-10 所示。

(3)在"程序数据 -> tooldata -> 定义"页面,单击下拉菜单中的"TCP 和 Z,X",如图 5-11 所示。

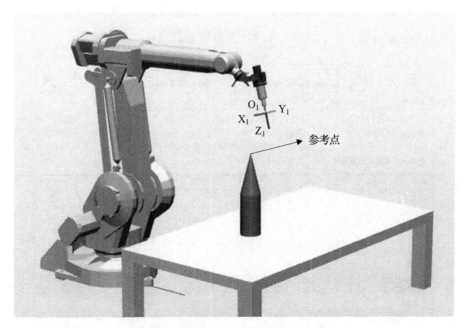

图 5-8　带枪形工具的工业机器人(举例)

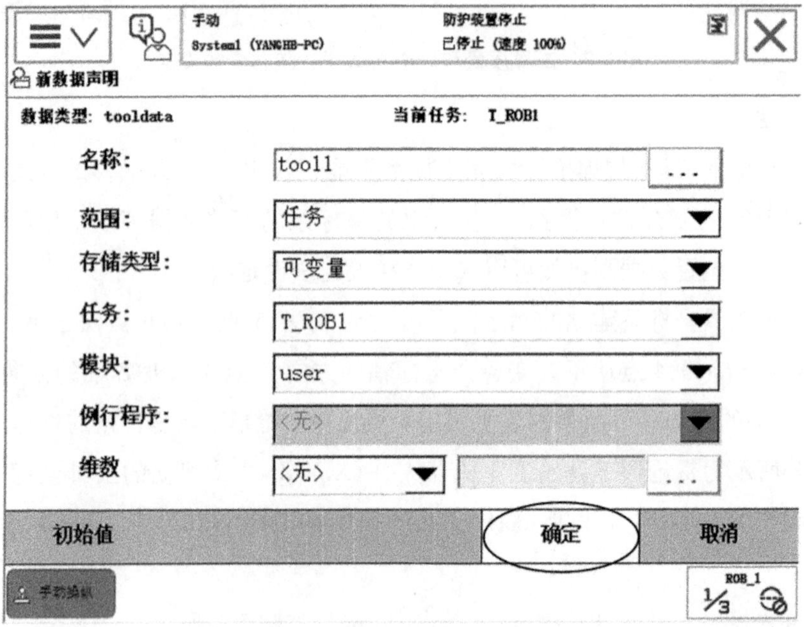

图 5-9　"新数据声明"页面

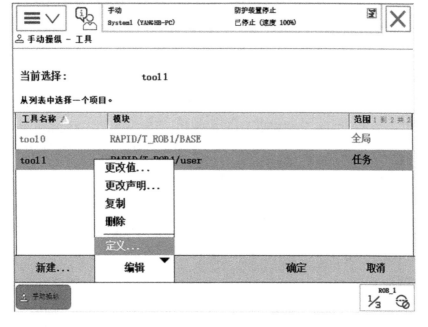

图 5-10 "手动操纵 – 工具"页面

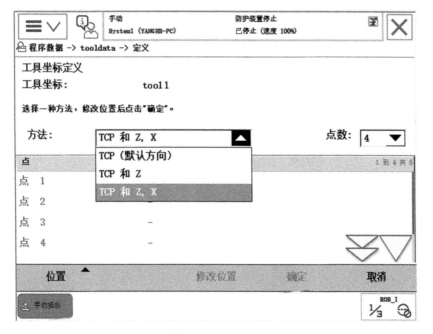

图 5-11 "程序数据 –> tooldata –> 定义"页面

(4)手动操纵机器人,使枪形工具的末端(TCP)以某一种姿态靠上参考点,如图5-12所示。工具的这个位姿被称为第1个点。

(5)在示教器上选中"点1"后,单击"修改位置",将点1的位置记录下来,如图5-13所示。

(6)按照确定第1个点的步骤,手动操纵机器人,使TCP以各不相同的姿态靠上参考点,分别得到第2、3、4个点,分别如图5-14、图5-15、图5-16所示,并记录下来。

(7)手动操纵机器人,使TCP靠上参考点,并且工具纵轴垂直向下。然后以线性运动方式,将TCP水平移动至某一点(设为点5),如图5-17所示,再记录点5的位置。

(8)以线性运动方式操纵机器人,使TCP靠上参考点。然后以线性运动方式,将TCP垂直向上移动至某一点(设为点6),如图5-18所示,再记录点6的位置。

(9)在"程序数据 –> tooldata –> 定义"页面,单击"确定"(图5-19),完成tool1的建立过程。

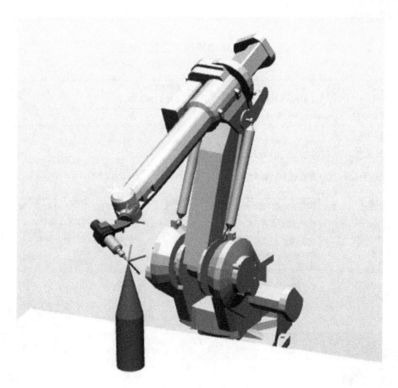

图5-12 点1的位置

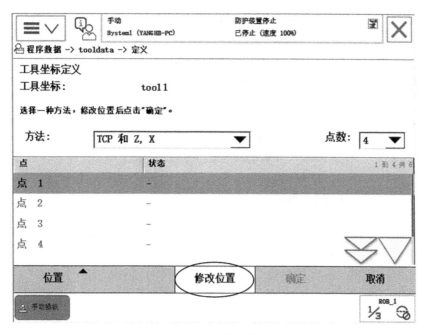

图 5-13　记录点 1 的位置

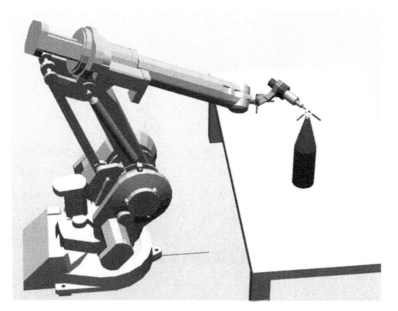

图 5-14　点 2 的位置

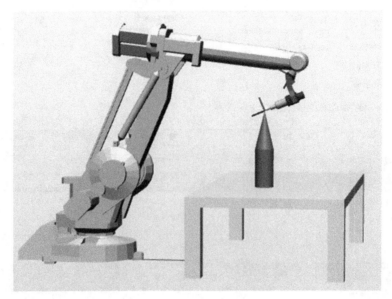

图 5-15 点 3 的位置

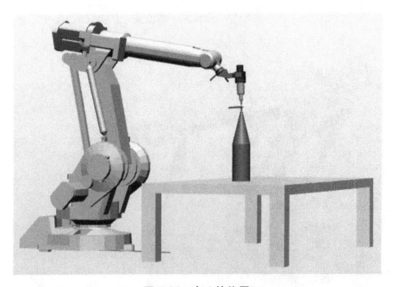

图 5-16 点 4 的位置

图 5-17 点 5(延伸器点 X)的位置

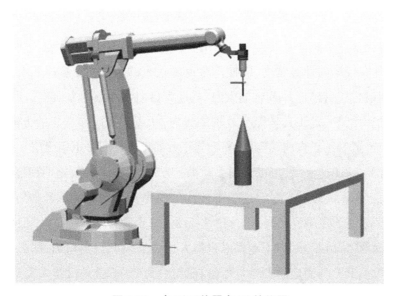

图 5-18 点 6(延伸器点 Z)的位置

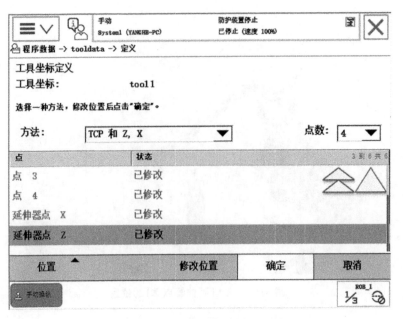

图 5-19　点 1—6 位置记录完成后的状态

在上述 6 点法中，点 1—4 共计 4 个点用于计算工具坐标系的原点（TCP）的位置。为了确保 TCP 具有较高的计算精度，应使 4 个点所代表的工具 4 个姿态具有较大的差异。点 5 的作用是确定工具坐标系 X 轴的方向，从点 5 指向参考点的方向被指定为 X 轴的正方向。点 6 的作用是确定工具坐标系 Z 轴的方向，从点 6 指向参考点的方向被指定为 Z 轴的正方向。X、Z 轴的正方向确定后，Y 轴的正方向可根据右手定则确定。

工具坐标系 tool1 建立后，可以利用手动操纵方式，检验 TCP 设定的精度。首先，手动操纵机器人，使 TCP 靠到上述测定过程中使用的参考点。然后在示教器"手动操纵"页面，将"动作模式"选定为"重定位…"，将"坐标系"选定为"工具…"，将"工具坐标"选定为"tool1…"，如图 5-20 所示，再手动操纵机器人。如果 TCP 设定精确，那么可以看到，在工具转动的同时，TCP 与固定的参考点始终保持接触。该检验是机器人重定位动作模式的一个重要应用。

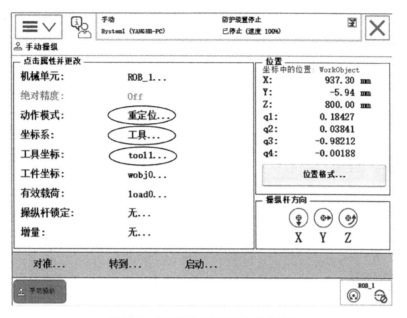

图 5-20 "手动操纵"页面的状态设置

5.1.2 工件坐标数据的建立

工件坐标数据的建立是指运用示教器,为机器人系统建立工件坐标系。该过程一般采用 3 点法,即先在工件或工作台上选定 X1 和 X2 两个点,以确定工件坐标系 X 轴的方向;然后选定一个点 Y1,以确定 Y 轴的方向。

下面以如图 5-8 所示的机器人系统为例,介绍建立工件坐标系的步骤。

(1) 在示教器"手动操纵"页面选择"工件坐标",如图 5-21 所示。

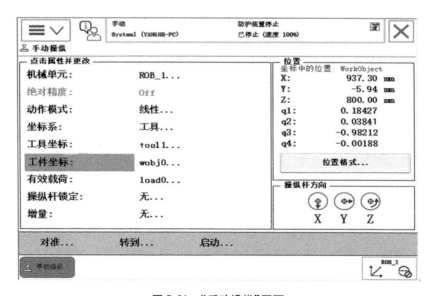

图 5-21 "手动操纵"页面

(2)在页面左下角单击"新建…",如图 5-22 所示。

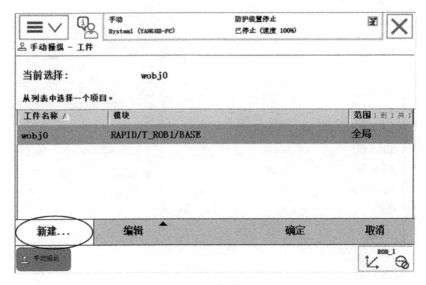

图 5-22 "手动操纵-工件"页面

(3)输入或选择有关特性数据后单击"确定",如图 5-23 所示。

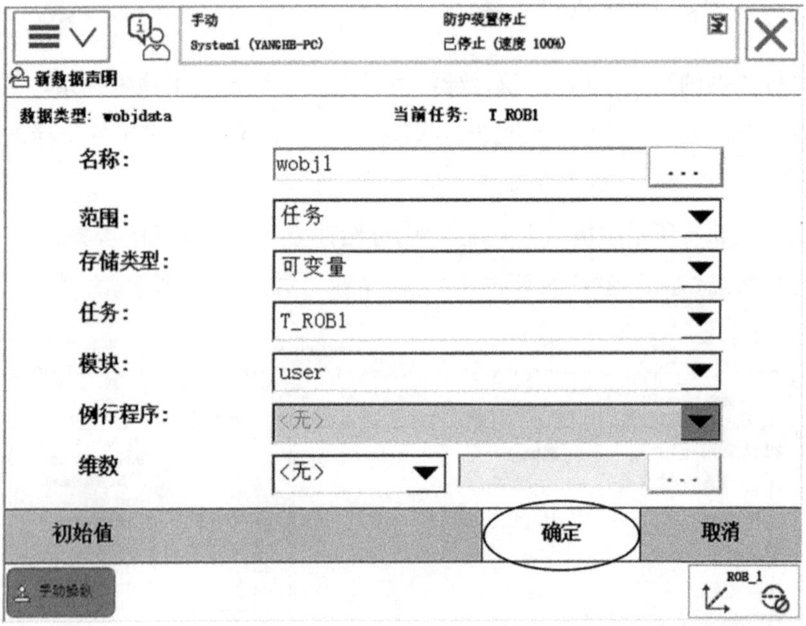

图 5-23 "新数据声明"页面

（4）选择新建的"wobj1"，单击"编辑"菜单中的"定义…"选项，如图 5-24 所示。

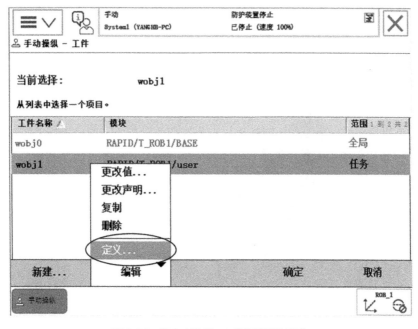

图 5-24　"手动操纵-工件"页面的操作

（5）在"用户方法"下拉菜单中选择"3 点"选项，如图 5-25 所示。

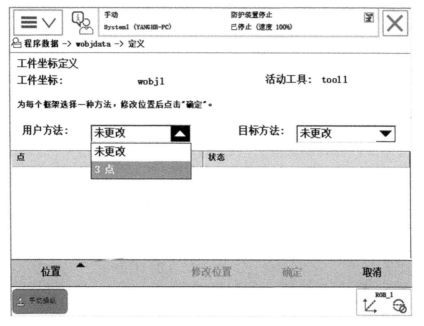

图 5-25　"程序数据 -> wobjdata -> 定义"页面的操作

（6）手动操作机器人，使工具的 TCP 靠上工作台上表面的一个角点，将该点选为点

X1,如图 5-26 所示。

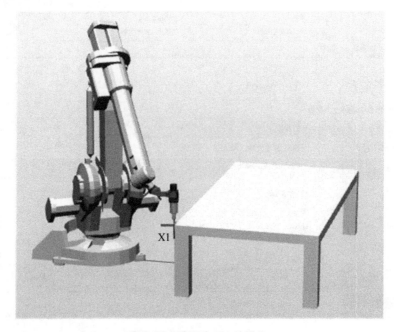

图 5-26　选取点 X1 的操作

（7）选中"用户点 X1",单击"修改位置",将点 X1 的位置记录下来,如图 5-27 所示。

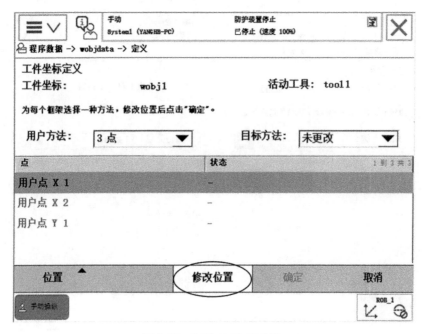

图 5-27　记录点 X1 的位置

（8）手动操作机器人,使工具的 TCP 靠上 X1 所在边线上的另一点,将该点选为点

X2,如图 5-28 所示。

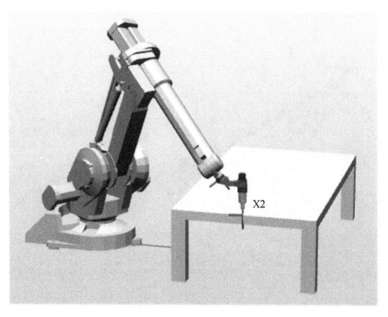

图 5-28　选取点 X2 的操作

（9）选中"用户点 X2"，单击"修改位置"，将点 X2 的位置记录下来，如图 5-29 所示。

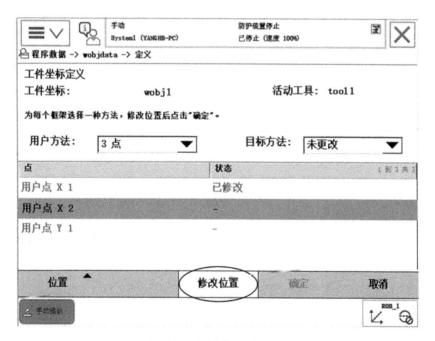

图 5-29　记录点 X2 的位置

（10）手动操作机器人，使工具的 TCP 靠上工作台面另一条边线上的某一点，将该点选为点 Y1，如图 5-30 所示。

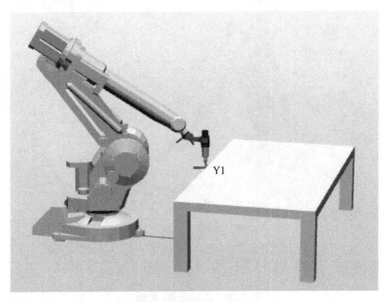

图 5-30　选取点 Y1 的操作

（11）选中"用户点 Y1"，单击"修改位置"，将点 Y1 的位置记录下来，如图 5-31 所示。

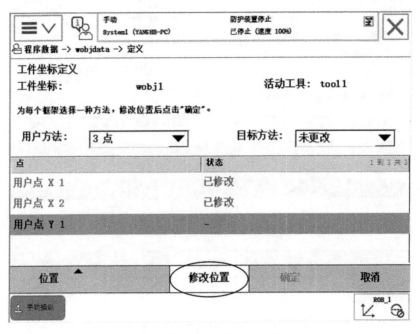

图 5-31　记录点 Y1 的位置

（12）单击"确定",如图 5-32 所示,即完成工件坐标系设定的操作。

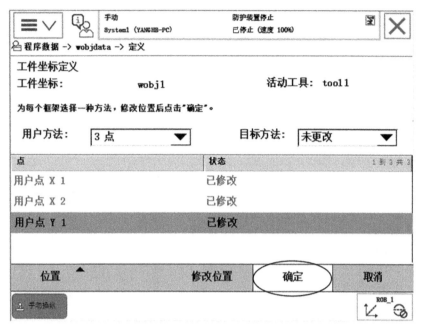

图 5-32　完成工件坐标系设定的操作

建立的工件坐标系如图 5-33 中坐标系 *OXYZ* 所示。由点 X1 指向点 X2 的方向为 X 轴正方向。点 O 为点 Y1 在 X 轴上的投影。点 O 指向点 Y1 的方向为 Y 轴正方向。Z 轴方向由右手定则确定。

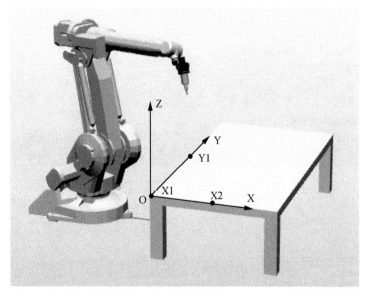

图 5-33　工件坐标系示意图

5.1.3 有效载荷数据的设定

对于从事搬运工作的工业机器人,需要正确地设定负载数据,包括搬运对象的质量及其重心在工具坐标系中的位置。有效载荷数据设定的步骤如下:

(1) 在"手动操纵"页面选择"有效载荷",如图5-34所示。

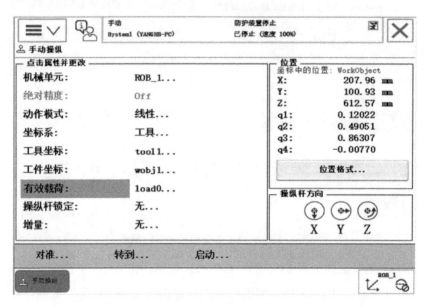

图5-34 "手动操纵"页面

(2) 在页面左下角单击"新建…",如图5-35所示。

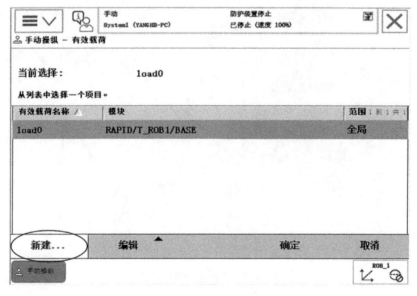

图5-35 "手动操纵-有效载荷"页面

(3) 输入或选择有效载荷特性数据后,在页面左下角单击"初始值",如图 5-36 所示。

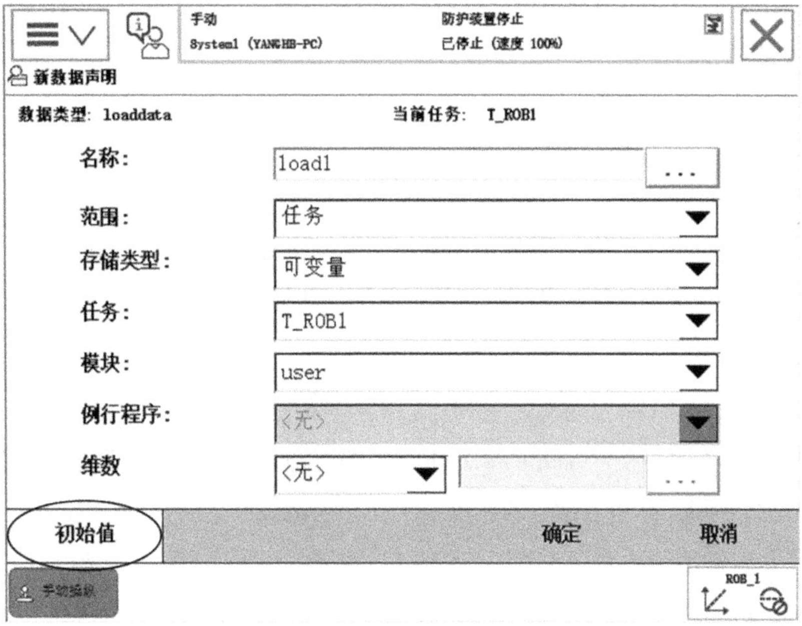

图 5-36 "新数据声明"页面

(4) 在如图 5-37 所示的页面中输入负载质量和重心位置数据后,单击"确定",完成有效载荷数据的设定。

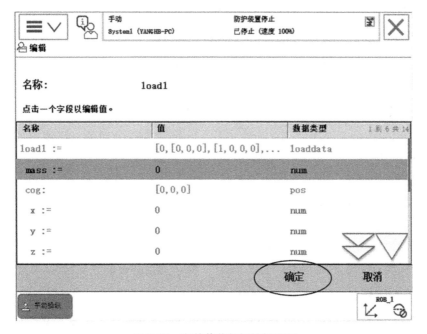

图 5-37 有效载荷数据编辑页面

上述三个基本程序数据设定完成后,即可在示教器主菜单中选择"程序编辑器",进行程序的编写和目标点的示教操作。在编程和示教全部完成后,可利用"程序编辑器"中的"调试"功能,对程序进行测试。在确认程序运行结果符合预期后,即可将机器人设置为自动运行模式,执行该程序。

5.2　工业机器人的轨迹规划

工业机器人作为一种自动化装备,其工作任务从宏观上讲可分为"点到点(Point to Point,PTP)"和"连续路径(Continuous Path,CP)"两种类型。在PTP型工作任务中,机器人对工件施加作用时,某些关键点的位置是工具必须精确到达的,而在关键点之间工具所经过的路径是人们不关心的。这类工作任务包括搬运、码垛、点焊、装配等。而在CP型工作任务中,机器人对工件施加作用时,不仅关键点的位置是工具必须精确到达的,而且关键点之间工具所经过的路径也要遵循预定的轨迹。这类工作任务包括弧焊、切割、喷漆、涂胶、绘图等。

从微观上看,不论上述哪种类型的工作任务,其工具所经过的路径可以被一些关键点(或称为"目标点")分割成一系列区段。根据工作任务的需要,每个区段选择一种插补方式。插补方式决定了该区段上每一点采用何种算法由路径关键点计算出来。插补方式主要有三种:关节插补、直线插补、圆弧插补。它们分别对应于机器人的MoveJ、MoveL和MoveC指令。此外,对于每一个区段,还需要考虑该区段机器人的运行速度、转角区域大小、工具坐标系和工件坐标系等参量。因此,在对机器人进行编程之前,有必要对机器人的运动轨迹进行详细的规划。本节将通过3个案例,介绍工业机器人轨迹规划的常用方法——表格法。

5.2.1　机器人搬运任务

在该案例中,机器人使用吸盘工具,将工作台上的一个圆柱体搬运至一个矩形块上。如图5-38所示为该任务的初始状态,如图5-39所示为该任务的完成状态。显然,这是一个PTP类型的任务。

(1) 找出上述机器人搬运任务中的目标点,并绘制吸盘TCP轨迹示意图,如图5-40所示。

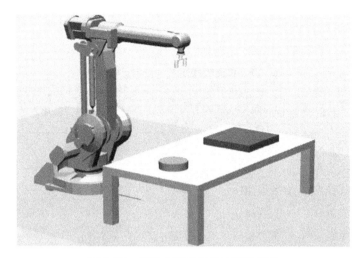

图 5-38 机器人搬运任务的初始状态

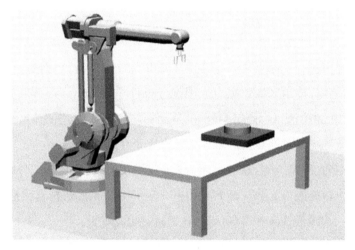

图 5-39 机器人搬运任务的完成状态

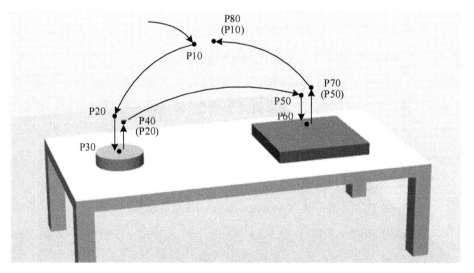

图 5-40 吸盘 TCP 轨迹示意图

（2）参照上述轨迹示意图，根据各个目标点的特性，制作目标点特性表，如表 5-1 所示。

表 5-1 机器人搬运任务目标点特性表

目标点	性质	插补方式	转角区域数据	替代点	偏移原始点	工具开关动作
P10	空走点	关节插补	自选	—	—	—
P20	空走点	关节插补	自选	—	P30	—
P30	工作点	直线插补	fine	—	—	吸盘吸气
P40	空走点	直线插补	自选	P20	P30	—
P50	空走点	关节插补	自选	—	P60	—
P60	工作点	直线插补	fine	—	—	吸盘充气
P70	空走点	直线插补	自选	P50	P60	—
P80	空走点	关节插补	fine	P10	—	—

在目标点特性表中，目标点性质分为空走点和工作点两种。它决定了转角区域数据的选取。对于空走点，转角区域数据可以根据任务性质自选。考虑到转角区域数据选择"fine"时，机器人在到达该目标点时会停顿，从而影响机器人轨迹的流畅性和机器人的运行速度，一般情况下空走点的转角区域半径选择大于 0 的数值。

虽然点 P20、P40 都是空走点，但是因为靠近工作点 P30，为保证工作轨迹不发生意外（如工具碰撞工作台或工件），P20 至 P30 和 P30 至 P40 的轨迹选择直线插补方式，而不选择关节插补方式。P50 至 P60 和 P60 至 P70 的轨迹也是如此。

"替代点"是指可以替代当前目标点的其他目标点。通过替代，可以减少目标点的数量，从而减少目标点示教的工作量。"偏移原始点"是指可以通过调用坐标偏移函数得到当前目标点的原始目标点。使用坐标偏移函数产生目标点的目的，一方面是减少示教点的数量，另一方面是提高目标点之间位置关系的精确度。

设定"工具开关动作"栏目的目的是提示编程人员考虑机器人动作与工具开关动作之间的关系。如果在当前目标点上工具有开关动作（如夹钳的打开或闭合），那么机器人应在该目标点留有一定的等待时间，以保证工具开关动作充分完成。

该机器人搬运任务的 RAPID 程序的参考代码如下：

PROC Carry( )

　　MoveJ P10,v300,z5,XiPanTool\WObj：= Workobject_1；

　　MoveJ RelTool(P30,0,0,-150),v300,z5, XiPanTool\WObj：= Workobject_1；

　　MoveL P30,v200,fine, XiPanTool\WObj：= Workobject_1；

```
WaitTime 1.5;
Set XiPanSignal;
WaitTime 1.5;
MoveL RelTool(P30,0,0,-150),v200,z5,XiPanTool\WObj:=Workobject_1;
MoveJ RelTool(P60,0,0,-150),v300,z5,XiPanTool\WObj:=Workobject_1;
MoveL P60,v200,fine,XiPanTool\WObj:=Workobject_1;
WaitTime 1.5;
Reset XiPanSignal;
WaitTime 1.5;
MoveL RelTool(P60,0,0,-150),v200,z5,XiPanTool\WObj:=Workobject_1;
MoveJ P10,v300,fine,XiPanTool\WObj:=Workobject_1;
ENDPROC
```

在上述程序中,XiPanSignal 为控制吸盘吸气或放气的信号。当 XiPanSignal 为 TRUE 时,吸盘吸气,圆柱形工件被吸起;当 XiPanSignal 为 FALSE 时,吸盘充气,工件被放下。在吸盘每个动作前后,机器人分别等待 1.5 s。

由于使用了位置偏移函数 RelTool,整个路径的目标点被减少到 3 个,分别是 P10、P30、P60。

5.2.2 机器人焊接任务

图 5-41 所示为一个机器人焊接任务示意图。焊缝 AB 位于两块薄板的垂直相交处,长度为 400 mm。焊缝与工作台的长边平行。绘制焊枪 TCP 轨迹示意图,如图 5-42 所示。

参照上述轨迹示意图,根据各个目标点的特性,制作目标点特性表,如表 5-2 所示。

表 5-2 机器人焊接任务目标点特性表

目标点	性质	插补方式	转角区域数据	替代点	偏移原始点	工具开关动作
P10	空走点	关节插补	自选	—	—	—
P20	空走点	关节插补	自选	—	—	—
P30	工作点	直线插补	fine	—	—	焊枪打开
P40	工作点	直线插补	fine	—	P30	焊枪关闭
P50	空走点	直线插补	自选	—	—	—
P60	空走点	关节插补	fine	P10	—	—

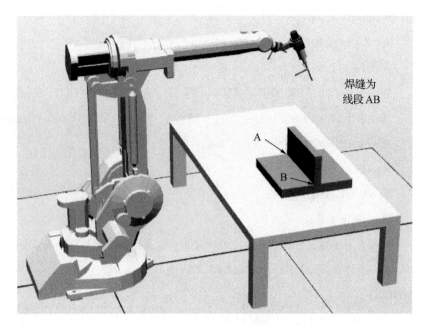

图 5-41　机器人焊接任务示意图

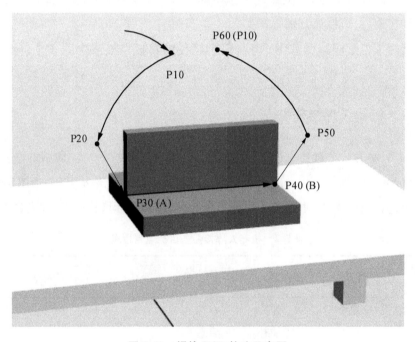

图 5-42　焊枪 TCP 轨迹示意图

该机器人焊接任务的 RAPID 程序的参考代码如下：

PROC Welding( )
　　MoveJ P10, v300, z5, MyTool\WObj: = Workobject_1;
　　MoveJ P20, v300, z5, MyTool\WObj: = Workobject_1;

MoveL P30,v200,fine,MyTool\WObj: = Workobject_1;

WaitTime 1.5;

Set GunSignal;

MoveL Offs(P30,0, -400,0),v200,fine,MyTool\WObj: = Workobject_1;

Reset GunSignal;

WaitTime 1.5;

MoveL P50,v200,z5,MyTool\WObj: = Workobject_1;

MoveJ P10,v300,fine,MyTool\WObj: = Workobject_1;

ENDPROC

在上述程序中,GunSignal 为控制焊枪打开或关闭的信号。当 GunSignal 为 TRUE 时,焊枪被打开,焊接过程开启;当 GunSignal 为 FALSE 时,焊枪被关闭,焊接过程结束。点 P40 由 P30 借助位置偏移函数 Offs 计算而得。整个路径需要示教的目标点有 4 个,分别是 P10、P20、P30、P50。

5.2.3 机器人切割任务

如图 5-43 所示为机器人切割任务示意图。机器人使用激光切割枪在方形钢板上切割一个直径为 300 mm 的圆形钢片。圆形钢片的中心在 A 点。在工作台的一角已建立工件坐标系 OXYZ。

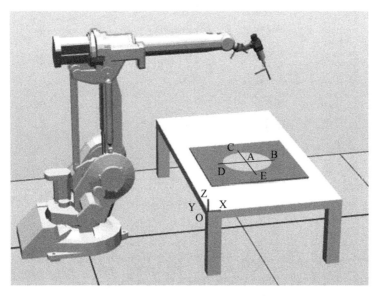

图 5-43 机器人切割任务示意图

如图 5-44 所示为切割枪 TCP 轨迹示意图。

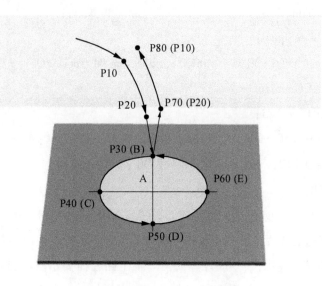

图 5-44　切割枪 TCP 轨迹示意图

参照上述轨迹示意图，根据各个目标点的特性，制作目标点特性表，如表 5-3 所示。

表 5-3　机器人搬运任务目标点特性表

目标点	性质	插补方式	转角区域数据	替代点	偏移原始点	工具开关动作
P10	空走点	关节插补	自选	—	—	—
P20	空走点	关节插补	自选	—	P30	—
P30	工作点	直线插补	fine	—	A	切割枪打开
P40	工作点	圆弧插补	—	—	A	—
P50	工作点	圆弧插补	自选	—	A	—
P60	工作点	圆弧插补	—	—	A	切割枪关闭
P30	工作点	圆弧插补	fine	—	A	—
P70	空走点	直线插补	自选	P20	P30	—
P80	空走点	关节插补	fine	P10	—	—

该机器人切割任务的 RAPID 程序的参考代码如下：

PROC Cutting( )
　　MoveJ P10,v300,z5,MyTool\WObj:=Workobject_1;
　　MoveJ RelTool(Offs(A,150,0,0),0,0,-250),v300,z5,
　　　　MyTool\WObj:=Workobject_1;
　　MoveL Offs(A,150,0,0),v200,fine,MyTool\WObj:=Workobject_1;

```
WaitTime 1.5;
Set GunSignal;
MoveC Offs(A,0,150,0), Offs(A,-150,0,0),v200,z1,
    MyTool\WObj:=Workobject_1;
MoveC Offs(A,0,-150,0), Offs(A,150,0,0),v200,fine,
    MyTool\WObj:=Workobject_1;
Reset GunSignal;
WaitTime 1.5;
MoveL RelTool(Offs(A,150,0,0),0,0,-250),v200,fine,
    MyTool\WObj:=Workobject_1;
MoveJ P10,v300,fine,MyTool\WObj:=Workobject_1;
ENDPROC
```

在上述程序中，GunSignal 为控制切割枪打开或关闭的信号。当 GunSignal 为 TRUE 时，切割枪被打开；当 GunSignal 为 FALSE 时，切割枪被关闭。程序利用位置偏移函数 Offs 和 RelTool 计算部分目标点的位置，大大减少了示教点的数量。需要示教的目标点仅有两个：P10、A。需要指出的是，在对机器人示教 A 点位置时，应使切割枪垂直于薄钢板平面，以满足切割工艺的要求。

思考题

1. 工业机器人在编程前需要设定的三个基本数据是什么？
2. 使用 6 点法建立工具坐标系的原理是什么？
3. 在采用表格法进行工业机器人轨迹规划时，需要考虑哪些因素？

第6章 工业机器人离线编程与仿真

工业机器人的生产厂家在推出机器人产品的同时,一般会推出相应的离线编程与仿真软件,以协助完成机器人工作站的建模、离线编程和运动仿真工作。本章以 ABB 公司 RobotStudio 软件为例,介绍工业机器人离线编程与仿真的基本方法。

6.1 RobotStudio 软件简介

现代工业机器人不仅可以利用示教器在工业现场进行编程,而且可以利用计算机硬件和软件进行离线编程与仿真。这样做的好处是非常明显的。第一,离线编程不需要生产线上的机器人停止工作,从而保证了机器人的工作时间,提高了生产效率。第二,离线编程可以方便地对机器人进行路径规划、程序优化、仿真测试,从而大大提高了编程效率。第三,离线编程可以帮助机器人技术初学者快速理解机器人的工作原理并掌握操作方法,从而大大提高学习效率。

RobotStudio 是 ABB 公司推出的工业级机器人离线编程和仿真软件。由于其技术先进、功能强大,在业界处于领先地位。RobotStudio 软件除具备基本的工作站搭建、几何建模、编程与调试、仿真运行、在线作业功能外,还具有以下特色功能。

1. CAD 模型导入

RobotStudio 软件支持多种格式的三维 CAD 模型文件,包括 IGES、STEP、VRML、VDAFS、ACIS 和 CATIA。通过输入不同 CAD 软件生成的模型,RobotStudio 软件可以构建复杂而精确的机械装置和生产环境。

2. 自动路径生成

RobotStudio 软件可以提取三维工件模型表面的曲线,从而自动生成机器人的工作路径,提高了编程速度。

3. 碰撞检测

RobotStudio 软件能够对机器人与机械装置、工件之间的碰撞进行检测,并给出预警信息,便于对机器人工作路径进行优化。

4. 应用功能包集成

针对工业机器人的细分应用领域(如焊接),RobotStudio 软件能够集成相应的应用功能包,使得机器人在特定领域的应用更加便捷和高效。

5. 虚拟示教器集成

RobotStudio 软件能够提供虚拟示教器,实现对现场工作环境的高度模拟,便于操作者对机器人的学习和应用。

6.2 RobotStudio 软件界面

RobotStudio 软件具有集成的工作环境。软件窗口有"文件""基本""建模""仿真""控制器""RAPID""Add-Ins"七个选项卡,各选项卡又以菜单形式分别集成了多种功能。以下对这些选项卡分别进行简单介绍。

1."文件"选项卡

该选项卡的功能主要包括与机器人工作站、RAPID 文件、帮助信息、系统设置相关的操作等,如图 6-1 所示。

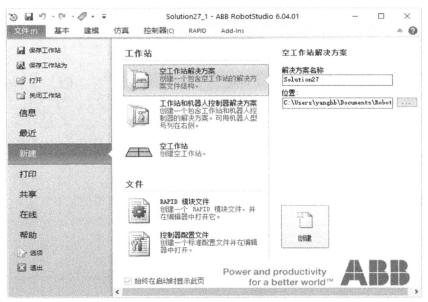

图 6-1 "文件"选项卡

2. "基本"选项卡

该选项卡的功能主要包括机器人工作站建立、路径编程、控制器同步、Freehand(手动操作)等,如图6-2所示。

图6-2 "基本"选项卡

3. "建模"选项卡

该选项卡的功能主要包括基本几何体创建、CAD 操作、测量、Freehand、机械装置创建、工具创建等,如图6-3所示。

图6-3 "建模"选项卡

4. "仿真"选项卡

该选项卡的功能主要包括仿真控制、仿真条件设定、系统监控、碰撞监控、信号分析、录制短片等,如图6-4所示。

图6-4 "仿真"选项卡

5. "控制器"选项卡

该选项卡的功能主要包括机器人控制器操作、系统配置、虚拟控制器管理等,如图6-5所示。

图 6-5 "控制器"选项卡

6. "RAPID"选项卡

该选项卡的功能主要包括 RAPID 程序编辑、控制器操作、系统测试和调试等,如图 6-6 所示。

图 6-6 "RAPID"选项卡

7. "Add-Ins"选项卡

该选项卡的功能主要包括 ABB 机器人操作系统(RobotWare)管理、插件管理等,如图 6-7 所示。

图 6-7 "Add-Ins"选项卡

RobotStudio 软件界面内的许多子窗口和标签页可由用户自行关闭。若要恢复至 RobotStudio 默认的界面,只要在软件窗口顶部的快捷工具栏内打开下拉菜单,单击"默认布局"选项即可,如图 6-8 所示。

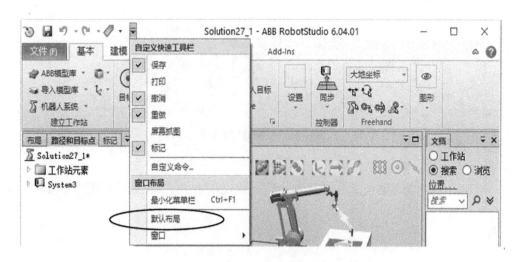

图 6-8 恢复 RobotStudio 默认界面的操作

6.3 机器人工作站仿真实例

本节以一个雕刻机器人工作站为例,介绍使用 RobotStudio 进行机器人工作站搭建、离线编程、运动仿真的完整过程,其实现步骤如下。

1. 模型载入

机器人型号选用 ABB IRB 1410,执行雕刻任务的工具选用 RobotStudio 自带的"MyTool"。工件选用 RobotStudio 自带的零件模型"Curve Thing",其上表面的不规则曲线为雕刻路径。工作台选用自建的三维模型,分别通过"ABB 模型库""导入模型库"菜单导入上述模型,如图 6-9 所示。

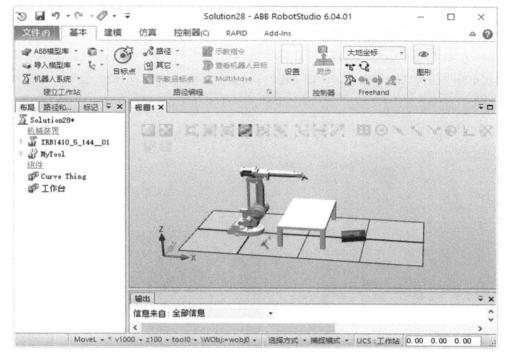

图 6-9 雕刻机器人部件模型

2. 工具安装

如图 6-10 所示,在"布局"窗口,用鼠标左键按住"MyTool",将其拖曳至同一窗口机器人"IRB1410_5_144_01"上,再松开左键,最后在弹出的"更新位置"对话框中选择"是",即可在机器人上完成工具的安装。

图 6-10 安装工具的操作

3. 工件放置

载入的工件需要放置在工作台上。如图 6-11 所示,在"布局"窗口使用鼠标右键选中"Curve Thing",在弹出的一系列菜单中先后选择"位置""放置""三点法",并完成后续操作,即可将工件放置在工作台上。再选中"Freehand"菜单中的平移功能,将工件平移至工作台的合适位置。

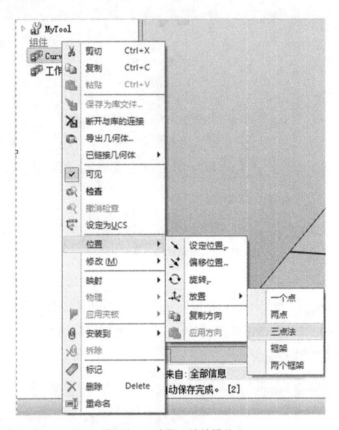

图 6-11 放置工件的操作

4. 根据布局创建系统

如图 6-12 所示,在"机器人系统"菜单中单击"从布局…"选项,开始创建机器人工作站的控制器。当控制器创建完成并启动后,"Freehand"菜单内的各个功能按钮都可使用。

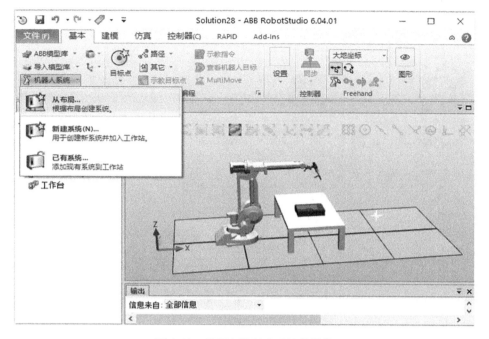

图 6-12 根据布局创建系统的操作

5. 建立工件坐标系

如图 6-13 所示,在"路径编程"标签栏"其它"下拉菜单中,选择"创建工件坐标"。在后续操作中,在工作台上完成工件坐标系 Wobj_1 的创建。

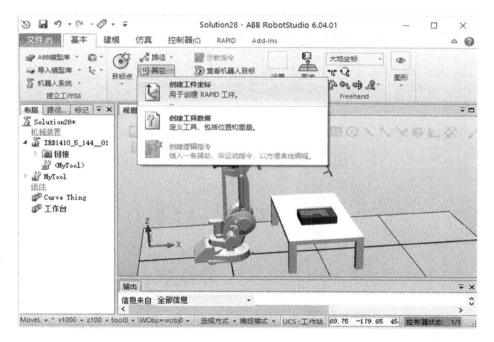

图 6-13 建立工件坐标系的操作

6. 创建一个空路径

如图 6-14 所示，在"路径"下拉菜单中单击"空路径"，创建一个空路径。

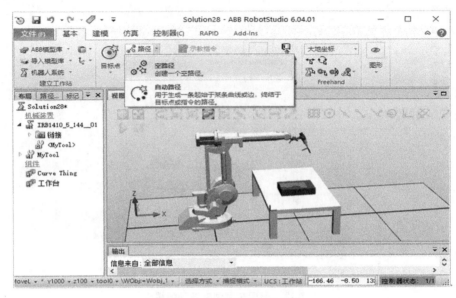

图 6-14　创建空路径的操作

7. 示教第一条运动指令

首先运用"手动线性"方式，操纵工具至工件上方，然后用"手动重定位"方式，调整工具，使其与工件上表面垂直，再单击"示教指令"按钮，完成第一个目标点——工件临近点的示教，同时完成相应运动指令的示教。指令格式和参数在窗口下方设定，如图 6-15 所示。

图 6-15　示教第一条运动指令的操作

8. **示教整个雕刻路径**

运用"手动线性"方式,在"捕捉末端"或"捕捉中点"模式下完成整个雕刻路径的指令示教,其中每条弧线路径由两条直线路径近似构成(待后续调整),如图 6-16 所示。

图 6-16　示教雕刻路径的指令

9. **修改圆弧段指令为 MoveC**

如图 6-17 所示,对于每段圆弧路径,在路径和目标点窗口中找到相应的 MoveL 指令并同时选中,在右键菜单中依次选择"修改指令""转换为 MoveC",完成圆弧段指令的修改。

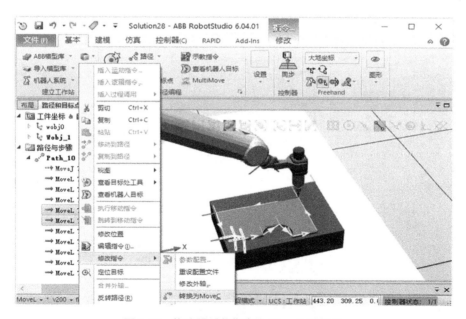

图 6-17　修改圆弧段指令为 MoveC 的操作

10. 返回工件临近点指令的示教

首先运用"手动线性"方式,操纵工具至工件上方,然后示教返回至工件上方临近点的运动指令,如图6-18所示。

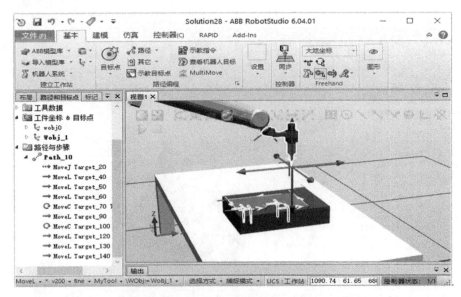

图6-18 示教返回工件临近点的指令

11. 目标点到达和路径运动测试

如图6-19所示,在"路径和目标点"窗口,先选中所建路径名,然后在右键菜单中分别选择"到达能力""沿着路径运动",进行机器人到达目标点和沿路径运动的测试。如果测试结果正常,则进行下一步;否则,需要修改目标点位置或调整机器人关节轴的配置,并重新进行测试,直至结果正常。

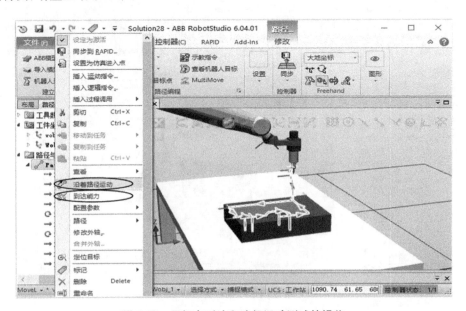

图6-19 目标点到达和路径运动测试的操作

12. 将工作站对象同步到 RAPID 代码

如图 6-20 所示,在"同步"下拉菜单中单击"同步到 RAPID…"选项,将包含工件坐标系、工具数据、目标点和路径在内的工作站对象全部同步到 RAPID 代码中。

图 6-20　将工作站对象同步到 RAPID 代码的操作

13. 仿真设定

如图 6-21 所示,在"仿真"选项卡中单击"仿真设定"按钮。在打开的"仿真设定"窗口的"进入点"一栏选择新建立的路径"Path_10"。

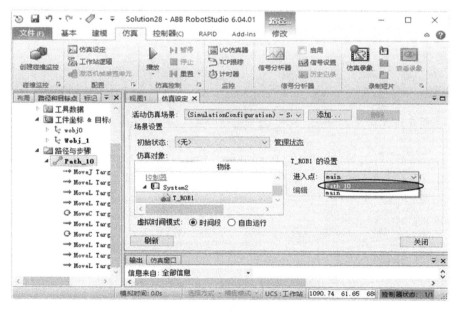

图 6-21　仿真设定的操作

14. 运动仿真

单击"仿真"选项卡中的"播放"按钮，即可对机器人沿所建路径的运动进行仿真，如图 6-22 所示。

图 6-22　机器人沿所建路径的运动

15. 查看 RAPID 程序代码

如图 6-23 所示，打开"RAPID"选项卡，在控制器窗口中双击所建路径名。在打开的源代码窗口中，可以看到机器人运动程序的源代码。在此窗口中，源代码可以被编辑。编辑后的源代码可以被同步到工作站对象中。

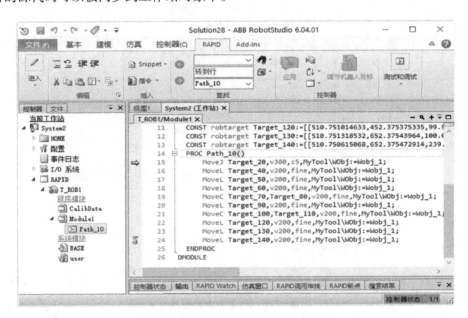

图 6-23　查看 RAPID 程序代码的操作

思考题

1. 工业机器人离线编程与仿真的意义是什么?
2. RobotStudio 软件具有哪些特色功能?
3. 工业机器人工作站搭建和运动仿真的主要步骤是什么?

参 考 文 献

[1] 叶晖,禹鑫燚,何智勇,等. 工业机器人实操与应用技巧[M]. 2版. 北京:机械工业出版社,2018.

[2] 兰虎,鄂世举. 工业机器人技术及应用[M]. 2版. 北京:机械工业出版社,2020.

[3] 刘小波. 工业机器人技术基础[M]. 北京:机械工业出版社,2016.

[4] 龚仲华. ABB工业机器人从入门到精通[M]. 北京:化学工业出版社,2020.